"人与地球的明天"科普书系

脆弱的宝藏

岩石与矿物的秘密

北京地质学会　刘学清◎主编
刘学清　秦　善◎著

中国科协繁荣科普创作资助计划资助
北京科普创作出版专项资金资助

北京出版集团公司
北　京　出　版　社

图书在版编目（CIP）数据

脆弱的宝藏：岩石与矿物的秘密 / 刘学清，秦善著. — 北京：北京出版社，2012.5

（“人与地球的明天”科普书系）

ISBN 978-7-200-09229-5

Ⅰ. ①脆… Ⅱ. ①刘… ②秦… Ⅲ. ①岩石学—普及读物②矿物学—普及读物 Ⅳ. ①P5-49

中国版本图书馆CIP数据核字(2012)第059320号

联 系 人：孙女士

联系地址：北京市北三环中路6号北京出版社 5019房间

联系电话：010-58572538

“人与地球的明天”科普书系

脆弱的宝藏

岩石与矿物的秘密

CUIRUO DE BAOZANG

刘学清　秦善　著

*

北京出版集团公司
北京出版社　出版

（北京北三环中路6号）

邮政编码：100120

网址：www.bph.com.cn

北京出版集团公司总发行

新华书店经销

北京京都六环印刷厂印刷

*

880毫米×1230毫米　16开本　7.25印张　150千字

2012年5月第1版　2012年5月第1次印刷

ISBN 978-7-200-09229-5

定价：16.80元

质量监督电话：010-58572393

“人与地球的明天”科普书系 编委会

序1

“人与地球的明天”科普书系给我一个意外惊喜：一套优秀的地球科学科普丛书终于面世了，当前正好急需这种让人赏心悦目的精神食粮。

这套丛书无疑是经过精心策划的，内容充实，涵盖面广泛，语言生动，是集知识性、科学性、趣味性于一体难得的精品读物。

浩瀚宇宙、广袤地球是如此奇妙。一位哲人曾经说过：“宇宙之真正奇妙正在于它竟是可以被人类认知的。”尽管仅经历了数百年的科学研究，人们的认知还很肤浅，但已经获得了众多举世瞩目、令人振奋的科学新知。例如，从星云说到宇宙大爆炸的宇宙成因说的确立；从太阳系和地球的形成演化，到生命和人类的进化和起源；从地球的多圈层构造，到大陆漂移、海底扩展和板块构造的证实；从地壳的岩石、矿物，到多姿多彩的地貌景观；以及令世人饱经忧患的地质灾害和地质环境等等。我们也感受到认识自然的艰辛与曲折，人类只有在不断否定和修正错误的过程中，才能得到真知灼见。“人与地球的明天”科普书系对这些方面都作了充分而生动的表述。

难能可贵之处更在于，丛书传达了当今人类最先进的自然观：只有一个地球——迄今人类赖以生存的唯一家园，人们应像爱护眼睛一样爱护地球；要了解地球、敬畏地球、热爱地球和感恩地球；践行“可持续发展”的科学理念，弘扬人类与自然和谐发展的精神。

因此，这套地球科学科普丛书是非常值得我们认真研读的好书。

欧阳自远

2012年5月22日

欧阳自远，著名的天体化学与地球化学家，中国月球探测工程的首席科学家，被誉为“嫦娥之父”，中国科学院院士、第三世界科学院院士、国际宇航科学院院士。

为《脆弱的宝藏》一书作序

追忆童年，晶莹剔透的水晶、五光十色的玛瑙、高贵典雅的宝石，深深地打动了我，世界上竟有这么多美不胜收的矿物令人心醉！

回首少年，女娲炼五彩石补天，蔺相如持和氏璧对抗秦王的故事，深深地吸引了我，人间关于岩石的故事如此使人心醉！

后来，我成为一个从事地学工作的人，开始了解矿物和岩石，认识到正是它们组成了地球的最外层圈层——地壳和岩石圈，并形成了各类宝藏，成为人类不可或缺的宝贵资源。我真诚地渴望将这些宝藏介绍给大家。

什么是矿物？矿物为什么呈现出不同的形状？什么是岩石？岩石有多少种类？它们是如何形成的？为什么称它们是“脆弱的宝藏”？这一本《脆弱的宝藏》作为“人与地球的明天”科普书系的一册，将为你打开岩石与矿物之门，展示矿物与岩石形成的奥秘和规律！它将科学性、知识性、趣味性和贴近生活诸多特征熔于一炉，在地球科学科普读物中独具特色，是一本不可不读的好书。

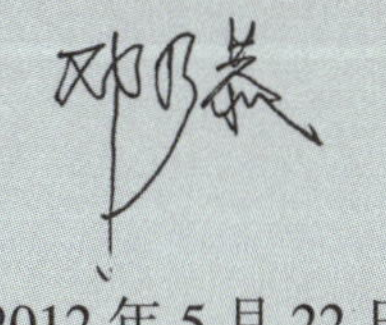

2012年5月22日

邓乃恭，北京地质学会副理事长，地质力学、地震学、石油地质学家，发现柴达木冷湖油田，并指导发现陕北大气田，对地质力学体系、造山和成盆、我国地震分区和特征等提出过新理论。

目录

MULU

MULU

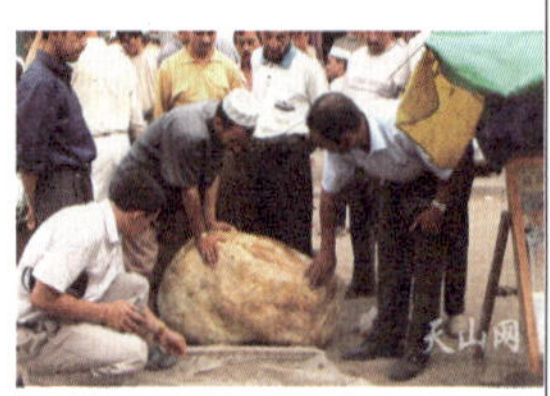

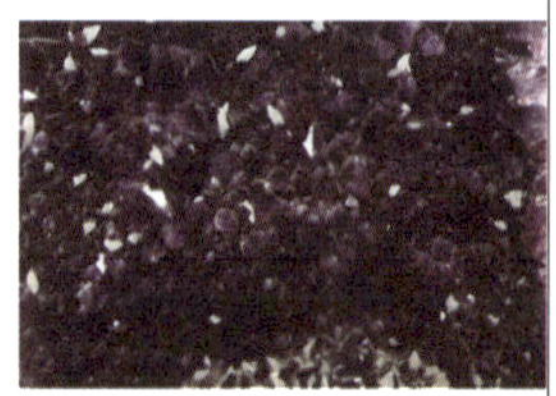

岩石篇

地球曾经历了漫长、痛苦但又异常成功的成长之旅，在这个过程中，万物的生成、发展及演化所产生的难以估量的信息被深深地印刻在不同类型的岩石中。因此岩石是解开地球密码的钥匙，又像一座巨型数据库，里面充满了各种矿物信息、化学信息、古生物信息。人类正是通过逐步了解、掌握这些珍贵的信息来破解神奇大自然的无穷奥秘。

岩石的趣闻

北京颐和园中乾隆皇帝御笔所题青芝岫（“青”字已脱落）

中国人对石头的好奇与热爱久已有之，有传承久远的石文化和神话传说作证。“共工怒触不周山”的故事家喻户晓；中国古代四大名著之一的《红楼梦》（本名《石头记》），以女娲补天时所剩下的五彩石开篇；同样位列四大名著的《水浒传》中，也有一段脍炙人口的“花石纲”故事，这里的“花石纲”正是各种稀世珍贵的岩石。

故事讲述了宋徽宗年间，奸臣朱勔一心投徽宗所好，在平江（即今苏州）设应奉局，专门搜罗奇石异卉，集中后一批批用船运往东京（今开封），皇宫中的“寿山昆仑”就是由这“花石纲”奇石堆砌而成。青面兽杨志当时被派去负责搬运“花石纲”赴京，不料在黄河里遭风打翻船，丢失了“花石纲”，不能回京交差，不得已四处逃难。

传说让人浮想联翩，而古迹则有实物供人凭吊瞻仰。我国保存最完好、最秀美的皇家园林——颐和园，不仅见证了我国园林建筑的辉煌，也记录了我国石文化宝库中一些动人的故事。置于颐和园乐寿堂前的一块巨大的石灰岩岩溶石，长 10 米、宽 2.3 米，重约 100 吨。据考证，此石最初是明代官僚米万钟在北京市房山区境内发现的，因这块石头质地优良、造型奇特、色青而润、状若灵芝，米万钟心中十分喜爱，遂倾尽全力将其运往北京米氏勺园，终因家资耗尽未遂，而将它弃于良乡郊野，故后人称其为“败家石”。后来,石头被清乾隆皇帝耗巨资移至颐和园中，并亲手御书“青芝岫”三字，刻于石头正面上方（由于年代久远，“青”字已被风化不见）。据称青芝岫是迄今中国最大的园林石。

古人对岩石既热爱又崇拜，现代人的生活也与之密不可分。岩石既能直接用于建筑、冶金等众多领域，也是美化环境、传承文化的重要载体。

岩石大家族

山东省莲花山花岗岩地貌

自然界中的岩石，据其形成原因可分为 3 类，即火成岩（岩浆岩）、沉积岩和变质岩。由岩浆经冷凝而形成的岩石被称为火成岩，各种瑰丽的宝石及晶形完好个体较大的矿物晶体多与火成岩有关。

沉积岩是指在地表条件下，母岩经风化或其他作用形成的碎屑，经过搬运，在适当的凹地沉积下来，经过漫长的时间，固结而成的岩石。沉积岩曾被称为水成岩（与火成岩相对应），独特的层状构造是沉积岩最典型的标志。

正在喷发的艾雅法拉火山

人们可以目睹火成岩的形成

沉积岩的一种，俄罗斯磁铁石英岩（红色隐晶质石英与钢灰色磁铁矿共同构成的层状构造）

变质岩则是地壳中已存在的任何岩石（沉积岩、火成岩及变质岩）在温度、压力及流体共同作用下形成的一种全新的岩石。变质岩与原岩相比，其物质成分、结构和构造都发生了巨大变化。更值得一提的是，变质作用是在原岩基本保持固体状态下发生的。变质岩所构成的地貌常以厚重、高大、雄伟著称，如我国五岳之首泰山便是变质岩地貌的代表之一。玉石之王和田玉、玉石皇后翡翠的成因均与变质作用有关，世界上 60% 的铁矿是变质作用形成的。

文学家林语堂曾这样形容岩石：“石是伟大的、坚固的，暗示一种永久性。它们是幽静的、不能移动的，如英雄一般具有不屈不挠的精神……”这些对岩石的赞美深入人心，不过，如果从地质学的角度来看，岩石却是会“活动”的。相信大家对地壳运动一点都不陌生，顾名思义，它的影响范围在地壳以上。地质学中还有一个更具毁坏力的专用名词，即“构造运动”，它的影响力、破坏力远比地壳运动要大得多，是一种地球的内部能量使地壳或地幔岩石发生变形和变位的运动。构造运动可以对各种岩石施加强大的定向压力，使之弯曲、破裂；也可以以板块活动的方式将浅部岩石拖入地下深处，使其遭受地热增温和岩石重力所施加的巨大压力的双重作用。这使得貌似坚硬的岩石其实同其他事物一样，都具有从生成随之进行演化直到消亡的发展历程，只不过这一炼狱般的过程可能至少要经历成百到千万年的时间，其主宰者当然非“构造运动”莫属。前面提到的岩石家族中的三大岩石相互演化的机理是：露出地表的任何岩石，在水、阳光、大气及冰等因素的作用下，由新鲜的岩石逐步被风化、剥蚀，自然界开始对风化产物进行搬运、沉积，最后成岩，这种岩石被称为沉积岩；沉积岩或火成岩在构造运动的作用下被拖入地下深处，经变质作用均可形成变质岩；当变质岩在高温下发生熔融时，也可转变为火成岩。地壳深处的各种岩石经构造运动又可被推上地表，从而进行新一轮的风化、搬运、沉积成岩过程。由此可见，三大岩石可不断相互转化。地质工作者常遇到一些似是而非的岩石，即三

泰山变质岩

大岩石的过渡类型。这为岩石定名带来了极大的麻烦，是困扰地质专家的难题之一。

关于岩石的成因，科学界曾颇有争议，甚至引发论战。德国人维尔纳（J.G. Werner）1771 年创立了水成论，认为一切岩石都是在水中沉积形成的。而英国人赫顿（J.Hutton）于 1788 年提出火成论，他不否认水的沉积成岩作用，但特别强调火山喷发和岩浆侵入等岩浆成岩作用。

当时两派的斗争十分激烈，两派在苏格兰爱丁堡一个小山上开了一次现场讨论会，彼此互相指责和咒骂竟到了白热化的程度，最后拳脚相加，互相斗殴一场才散了会。散会以后，在愈来愈多有利于火成观点的事实面前，水成学派内部瓦解，最后以水成学说失败而告终。但是科学总是不断向前发展的，人们早已认识到：岩石不但有水成的（沉积岩），也有火成的（岩浆岩），以及变质的（变质岩）。不过，从启蒙时期的地质论战到科技发达的今天，仍有无数个地质难题等待人们去解答。大自然是极其复杂和神秘的，有其独特的发展规律。人类在用有限的智慧来探究充满无限奥秘的未知世界时，尊重自然是第一法则。

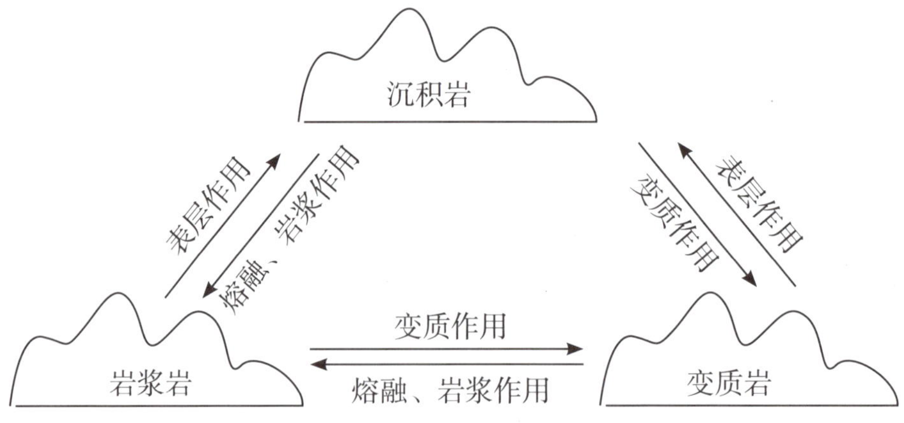

三大类岩石的转化关系示意图

火成岩——高温熔浆的华丽转身

五大连池的火山地貌

在地壳之下约 100 千米深处有一个“液态区”，那里存在着很多高温、高压下含挥发气体成分的熔融状硅酸盐物质，那就是岩浆，其中二氧化硅的含量在 30% ~ 80% 之间；金属氧化物如三氧化二铝、氧化铁、氧化镁等占 20% ~ 60%；其他重金属、有色金属、稀有金属及放射性元素等总量一般不超过 5%。此外，岩浆中还含有一些挥发性气体，其中主要是二氧化碳、二氧化硫等。按照岩浆中二氧化硅含量的不同，我们将岩浆大致分为 4 类，二氧化硅含量大于 66% 的叫酸性岩浆；在 53% ~ 66% 之间的叫中性岩浆；含量为 53% ~ 45% 称基性岩浆；小于 45% 的被称为超基性岩浆。与之相对应所形成的岩石分别为：酸性岩、中性岩、基性岩和超基性岩。岩浆的温度一般在 900 ~ 1200℃之间，最高可达 1300℃。

压力是驱动岩浆沿着地壳薄弱的地段四处乱窜的直接动力，这种高温、炽热、火红的岩浆，一旦冲出地表，便像一头刚从地狱中被释放出的怪兽，伴随着震天动地的巨响，将少量熔浆、大量火山灰及二氧化硫、硫化氢等有毒气体抛向空中；地下源源不断上拱的岩浆则利用自身高温、黏稠易流动的特点，熔浆四溢，遍地横流。所到之处任何物体，要么归顺投降成为岩浆的一部分，要么灰飞烟灭死无葬身之地。幸好这一怪兽的能量及物质总量是极其有限的，没威风多久便失去了后援，随着温度压力的迅速降低，加之气体的快速逃逸，岩浆逐步冷却后形成冰冷僵硬的岩石，这种岩石便是大名鼎鼎的喷出岩，又叫火山岩。一系列由喷出岩构成的山被称为火山。由于岩浆在喷出地表后，温度压力急速下降，岩浆也迅速由黏稠液态变成固态。岩浆这种快速的凝固作用，致使矿物来不及进一步结晶便已成岩，因此喷出岩的矿物颗粒通常很小，有的甚至形成火山玻璃。

火山玻璃

不过，大多数情况下岩浆不会直接喷出地表，而是选择在地下某一地方停顿下来，慢慢凝固。由于此时岩浆四周被各种早已固结的岩石所密闭，因此温度压力降低很慢。这为矿物结晶创造了很好的条件，以这种方式形成的岩石被称为侵入岩。岩浆侵入部位在地表至 3 千米以内的被称为浅侵入岩，3 千米以下的被称为深侵入岩。

玄武岩——洋壳和月海的基石

玄武岩是地球洋壳和月球月海的最主要组成物质，也是地球陆壳和月球陆壳的重要组成物质。这种岩石是火山岩的一种，常呈灰黑色，致密且具气孔状构造。二氧化硅的含量为45% ~ 52%。矿物成分包括橄榄石、辉石、斜长石等。与之有关的矿产有铜、铝、汞、硫黄等，岩石本身可用作铸石原料。

神奇的石柱

进入长白山区新开辟的望天鹅国家地质公园，最震撼人的是那些神奇的玄武岩柱。这一排排鬼斧神工的神柱是如何长出来的呢？

玄武质熔岩流到地势低洼地带堆积下来时，开始经历冷却降温作用。冷却降温作用在熔岩流顶部向空气中辐射式散热最快，在熔岩流底部向原始地表结合处传导式散热作用也很强烈，而熔岩流内部则会更长时间地保持较高的温度。根据热胀冷缩原理，这时熔岩流的上、下表面就要收缩。当正在冷却的熔岩的收缩引起的张应力大于熔岩强度时，就形成了表面裂隙。每个裂隙长到一个临界长度时就要与其他裂隙结合，这些裂隙就在流体表面形成一个网状裂隙形式。

散热冷却作用是垂直于接触散热面传导的，因此收缩裂隙会沿着垂直于接触界面的方向向熔岩流内部传导进去。由于通常情况下熔岩流都是近水平状堆积，所以自熔岩流底部传导形成的裂隙一般都是垂直向上生长的。熔岩流表面的冷却作用主体也是垂直向下的，这也会使得向下传导的裂隙近于垂直产出。由这些网状裂隙限定的冷却熔岩块体组成一个个单独的柱状体，柱状体组合而成柱状节理外貌。

理想条件下使得裂隙加深并形成截面呈正六边形的长柱状体，而通常情况下所见柱状体有 3 ~ 7 个侧面。

除了玄武岩，快速定位高温冷却的熔结凝灰岩也常见到柱状节理，只不过是柱状体的形状以四边形居多。流体定位后如果降温冷却的接触面不是水平的，所形成的柱状体就会产生各种倾斜、扭曲的形状。

长白山望天鹅玄武岩柱状节理

绳状玄武质熔岩

绳状熔岩、渣状熔岩都是玄武质熔岩表壳构造的常见形式。结壳熔岩是夏威夷语中对具有平滑、圆球状或绳状表面的玄武质熔岩的称呼。典型的结壳熔岩流流动时是以一系列从一个冷却的表壳下连续破裂挤出的小耳垂状或脚趾状流动单元的前进而完成的。结壳熔岩的表面结构变化很大，显示出各式各样的“熔岩雕刻家”的奇异形状。

绳状熔岩是结壳熔岩流表面结构的最常见的类型。当一个薄而部分固结的表壳遇到障碍物或流动更慢的表壳时，这个表壳就会减速或暂时停止前进，这样就会形成代表绳状结壳熔岩特征的大量的折叠与皱纹，也就是绳状构造。五大连池的绳状熔岩就是玄武质熔浆在流动过程中形成的。由于基性岩浆黏性低流动性大，最高时速可达 65 千米，一般为 15 千米。当玄武岩浆溢出地表后，表面温度迅速降低，形成一层薄而柔韧的玻璃质外壳，此时岩浆依然流动，但当外壳遇到障碍物或流动变慢时，壳下岩浆便对表壳进行温柔而缓慢的拖拉、推挤等作用，使之产生折叠与皱纹。至此绳状外表便大功告成，等岩浆彻底冷凝后，绳状熔岩就此诞生。

夏威夷岛绳状熔岩

在新期玄武质熔岩流里经常可以见到这种不同尺度、各式各样绳状体发育的玄武岩表壳，在夏威夷火山公园的一幅宣传画里，贝蕾太太的头发变成了绳状熔岩，真是美极了。

渣状熔岩

夏威夷语中，称呼渣状熔岩的发音近似于汉语拼音里的元音 a-a，这种熔岩流表面由熔岩碎块构成。已固结的渣状熔岩外表的熔岩刺多得令人难以置信，使得在其上行走非常困难，稍不留神就会摔倒，划破手指或其他部位，也会发出“a-a”的声音。

这个渣块状外表面实际上是盖在一个致密块体熔岩核之上，这个熔岩核是流体最活跃的部分。随着核部面糊状的熔岩向下坡搬运，表面就形成了这些渣块。但是在渣状熔岩流的最前端，这些冷却的渣块翻滚落到熔岩流前锋的底部，又被前进的熔岩流覆盖在下面。这就在渣状熔岩流的顶部和底部双双产生了渣块，类似于履带式推土机工作时的情形。这就是渣状熔岩流动时的动态画面，由于渣状熔岩向前流动的速度很慢，你完全有可能站在正在流动的熔岩流前面照上几张你所喜欢的相片。

夏威夷岛渣状熔岩

花岗岩——顽固的代名词

文象花岗岩

花岗岩是指二氧化硅含量大于66%的酸性侵入岩，分布十分广泛，约占陆壳火成岩的一半以上。在化学成分上，岩石中二氧化硅含量很高，同时氧化钾和氧化钠含量也很高，而氧化铁、氧化镁、氧化钙含量则很低。组成花岗岩的矿物成分主要是浅色矿物，例如石英（含量大于20%）、碱性长石和酸性斜长石，浅色矿物含量一般在85%以上。花岗岩的结构以半自型粒状结构最为普遍，但有时也能见到文象结构。“文象”通俗地讲就是像文字，照片中黄白色矿物为长石，深黄色矿物为石英，呈楔形文字状有规律排列，是岩浆在温度、压力相对稳定的条件下，缓慢结晶而成。楔形文字是公元前3000多年曾被使用过的文字。如今它被深深地镶嵌在岩石内，似乎提醒人们古巴比伦人及波斯人都曾创造了无比辉煌灿烂的史前文化。

三峡大坝基石，陈列于北京西四地质科普公园

文象花岗岩是深侵入岩，形成于地下的数公里到数十公里深处。由于形成压力较高，结晶程度好，为全晶质，因此花岗岩的质地比岩浆喷出地表后形成的玄武岩致密得多，更坚硬。此外，组

成花岗岩的主要矿物例如石英、长石的硬度都较大，因而，花岗岩具有硬度高，耐磨损以及高的抗压强度等特点。花岗岩是最坚固且难风化的岩石之一，在长时间风化过程中，由于边边角角的地方更容易被风化，因此常产生浑圆的外貌，我们称为球状风化。

巅峰档案

三峡大坝的基石

你知道吗？长江三峡大坝便建在花岗岩岩体之上。三峡大坝是造福千秋万代的跨世纪工程，它的建成是我国水电史上一个新的里程碑。三峡大坝位于三斗坪地区，坐落在花岗岩之上，石质坚硬、致密、整体性好，基盘稳固，是理想的大型工程基础。另外北京天安门广场的人民英雄纪念碑也是花岗岩做的。

花岗岩的球状风化

安山玢岩——岩浆里长出漂亮的花

安山玢岩是浅侵入岩的一种，二氧化硅的含量为55% ~ 60%，属中性火成岩。岩石具斑状结构，斑晶为斜长石，呈不均匀团状分布构成花朵。基质呈黑灰色，由粒石英和角闪石等组成。

安山玢岩（牡丹石）

当岩浆运移至距地表小于3千米处，放下向上进发脚步不再四处钻动，选择适当位置后开始安营扎寨。此时岩浆处在结晶中心少但温度压力骤减的状态。恰是这一环境使得斜长石生长成较大斑晶。由于结晶时间长、空间较大且物质来源充分，巨大的斜长石斑晶便呈放射状分布，颇似牡丹花的花瓣。等斜长石生成之后，地质条件变化，温度压力再度迅速降低，岩浆形成的黑灰色石英、角闪石等细粒的基质填埋于花瓣中。当所有岩浆以此种形式变成固态后，安山玢岩的形成之旅彻底结束。因其外形像牡丹花而又产于牡丹之都洛阳，故藏石者又为其起了一个漂亮名字——牡丹石。请注意“玢”字是描述所有浅成岩的专用字。没有此字则为喷出岩。如安山岩就是一种喷出岩，其化学成分与上述的安山玢岩相同，但由于岩浆喷出了地表，因此外貌有了很大变化，颜色通常为深灰或褐色，斑状结构，斑晶常为具环带状的斜长石，基质有玻璃交织结构或玻璃质结构，该岩石在新生代（6500万年以前）环太平洋地区大量喷出。

沉积岩——沉默的巨人

北京地区砾岩中的鹅卵石

沉积岩在地表的分布面积占70%，火成岩占20%，变质岩占10%。由于成因及分布的特殊性，使得火成岩和变质岩所携带的信息，无论是在地质环境、古气候、古地理、古生物、搬运介质还是地壳运动方面均无法与沉积岩相比。沉积岩绝对是探索地球奥秘的百宝箱，似乎有取之不尽用之不竭的珍奇异宝。其中以各种化石的存在最让人震撼。众多栩栩如生的化石，就像时光机器，将我们带回到亿万年前的荒蛮时代，领略当时的地质环境及生生不息、坚忍顽强的生命演化历程。

构成沉积岩的物质，按其来源及生成方式可分为两大类，即他生物质及自生物质。他生物质是指在沉积岩的形成过程开始之前就已经存在的物质，如从母岩分离出来的岩石碎屑、矿物碎屑，或者火山喷发直接提供的火山碎屑，甚至还可以是来自宇宙的物质。上述物质形成的沉积岩完全可以说是对母岩的一种集成和继承。

自生物质是指在沉积过程中，以化学或生物化方式所生产的全新的物质，如在水溶液中因物理、化学条件变化而结晶出来的方解石、石英及黏土矿物等。以此种方式形成的物质已不可能说清楚它们原来的母岩是什么了。

18 亿年前的鹅卵石——砾岩

你见过大自然搬运东西吗？大风会把远方的沙土搬到你的家里，黄河每年把近 16 亿吨的泥沙搬入大海，这些都是大自然的杰作。此外我们常见的鹅卵石的形成也要归功于河流搬运碎石的过程，石块在水流的作用下不断碰撞、摩擦，这一过程被称为磨圆，随着时间及被搬运距离的增加，磨圆度会随之增加。照片中鹅卵石是距今 18.5 亿年前形成的，主要矿物成分为石英。与现代鹅卵石不同的是，照片中的每个鹅卵石都不自由分离，原因是已被周围极细的硅质胶结物“粘”在了一起，此时鹅卵石与胶结物共同构成了一种新的地质体——砾岩。砾岩在北京及周边地区广泛分布，是元古代一个很好的标志层，该岩石的形成环境是浅海。

北京的北部山区主要由太古代形成的变质岩系构成，即 25 亿年前的岩石，之上覆盖着中元古代 18 亿年前的底砾岩。细心的读者一定会在此产生疑问，从 25 亿年到 18 亿年长达 7 亿年之久，中间为什么没有任何岩石出现呢？原来北京地区的地壳在这漫长的 7 亿年里，长期处于裸露的状态，也就是当时的岩石一直处于被风化剥蚀的状态而不具有沉积条件。从中元古代起，北京地区的地质环境发生了巨大变化，断裂下陷作用使陆地变成了汪洋。也正是从那时起，砾岩作为中元古代的先头部队，首先抵达断裂下陷区，紧接着便堆积了近万米深的中元古代沉积岩。由于砾岩处在上述岩层的最底部，因此又被称为底砾岩。

实际上，前面关于“7 亿年”的描述非常模糊，原因是人们不知道在这段时间里究竟发生了什么。比如可以这样假设，在 7 亿年时间里，

巅峰档案

可爱的石头“福娃”

沉积岩可以形成各种各样的“画面石”，形象逼真、惟妙惟肖、生动传神，使人深切感悟到大自然的妙笔生花。

这块福娃石产于北京市平谷区，由5亿多年以前的石英砂岩组成。它高70厘米，宽40厘米，厚达6厘米，重约80公斤，其石黄白纹理相间，质地细腻柔滑，润泽坚硬，石上一个身着运动衣裤的福娃“贝贝”自然天成，形象逼真，令人称奇。

福娃贝贝的形成过程颇耐人寻味，它并不是在5亿多年前与石英砂岩同时形成的，而是其后由含有微量铁锰物质的地下水沿裂隙浸润岩石表面，自然染色而成。

福娃贝贝（金海石）
（引自《宝藏》2007年第3期）

前 3.5 亿年是以沉积作用为主，后 3.5 亿年则是以剥蚀为主；抑或过程刚好相反。类似这样的假设可能很多，但是哪种设想更接近地史真相呢？根据目前资料是不能给出一个准确答案的，没准有一天你能破解这一谜团！

蛇舞的粉砂岩

粉砂岩具有典型沉积层理，层厚从 0.1 ～ 5 厘米不等。其矿物成分

粉砂岩

主要为石英、长石及少量云母。令人称奇的是这种岩石的上部及下部呈近水平的层理，而中间的层理却似长蛇一般上下翻动、翩翩起舞。这一景象在地质上被称为“包卷构造”。它由连续开阔的“向斜”和紧密的“背斜”组成，成因是在岩石固化前，柔软的堆积物（即上述的“长蛇”）在上面覆盖沉积物强大重力的作用下，发生“褶皱”。之后沉积环境相对稳定，使“褶皱”完好地保留了下来，直至成岩。

多姿多彩的钟乳石

钟乳石属于隐晶质的方解石，它的形成是一个奇妙的过程：在大气和水的作用下，石灰岩先被溶解，随着水的蒸发和二氧化碳的挥发，碳酸钙重新析出，在由洞顶或裂隙上部往下滴水的过程中，碳酸会沉积在滴水口处，日积月累，碳酸钙就会越积越厚、越长越长，成为由洞顶往下垂的尖锥体，形如钟乳，故名“钟乳石”；当水滴滴到洞底时，同样由于水的蒸发、二氧化碳的挥发和碳酸钙析出，在地表堆

石柱

钟乳石

积，年复一年就会从地面生长成一个个尖锥体，很像竹笋，故名“石笋”。如果钟乳石和石笋连接了起来，就叫做“石柱”，如果水流是顺着洞壁流下的，此时沉积的碳酸钙会形成像幔帘一类的东西，称之为“石幔”。钟乳石的生长速率取决于环境条件，正常情况下可达每年 17~35 厘米，它们记录了气候变化和时代变迁的信息。当钟乳石中含铁、锰等杂质时便显露出五彩斑斓的色彩。我国桂林地区就是典型的石灰岩岩溶地貌(也叫喀斯特地貌)，北京的石花洞、云水洞等都是很著名的溶洞。

神秘的泥质岩

泥质岩也称黏土岩，多由黏土矿物组成，粒径很小，主要矿物有高岭石、伊利石、绿泥石、石英、长石等。按压实状况可分为页岩和泥岩。页岩具页理构造，即被敲打后岩石呈薄板状，也就是像书页，故得名。泥岩无叶理。泥质岩以盛产各种化石及可制作出各种名砚而著称。

广东肇庆鼎湖山风景区陈列的巨大端砚

中国的四大名砚除歙砚、洮河砚外，均由沉积岩中的泥质岩制成。而歙砚、洮河砚也是由沉积岩经“浅变质”而成。文房四宝是我们历代文人墨客的珍稀之物，它也标志着主人的身份和地位，随着社会文明程度的大幅度提升，文房四宝已走进寻常百姓家，石砚至今虽已不是书写的必要工具，但仍是人们争相热捧的珍藏品。

中国是文明古国，用石制砚已有6000多年的悠久历史，到了唐代，石砚质量和石砚工艺已臻成熟，涌现出广东端砚（产于古端州，即今广东省肇庆市，为凝灰质砂质泥岩或绢云母千枚岩）、安徽歙砚（产于古龛州，即今安徽省歙县——江西省婺源县，为浅变质岩石）、甘肃洮河砚（产于古洮州，即今甘肃省卓泥县，为青绿色板岩）和山东红丝砚（产于古青州，即今山东临朐，为紫红色带微细花纹的微晶灰岩）等名砚石，享誉全球，被称为中国四大名砚，承载着我国书法文化和石文化的历史和底蕴，备受世人推崇。

端砚

化石——沉积岩的独特礼物

在三大类岩石中，火成岩和变质岩中含化石的可能性很小。唯独沉积岩有着令人难以想象、数量众多、无与伦比的各种生物化石。其中有植物、有动物；有低等生物，有发达高等生物乃至人类；有灭绝的恐龙，还有尚未认知的陌生群种。生命的起源、物种的演化、环境变迁，林林总总、千变万化的信息无一不深藏在浩瀚而神秘的沉积岩中。

当然，不是所有的沉积岩都一定含有化石，尤其是个体较大且保存完好的化石更是难得一见。化石的形成有严格的条件限制，其过程是：形成化石的生物必须迅速被泥沙掩埋，而且是在缺氧的环境下保存，以阻止生物体的氧化与分解。接下来是生物体（或遗迹）与沉积物一起共同经历深埋、压实和成岩的全部过程。由于生物体与围岩间存在巨大化学组分的浓度差异，使围岩中的二氧化硅逐渐交换取代了原生物中的化学成分。这一过程被简称为“交代作用”。令人称奇的是，这一过程仅仅是化学置换，而生物体所固有的结构、构造、纹理甚至其颜色特征都被完好而真实地保留了下来，这便形成了人所共知的化石。不过有时碳酸钙或硫化铁等成分也可以发生交代作用，形成更加珍贵的化石。

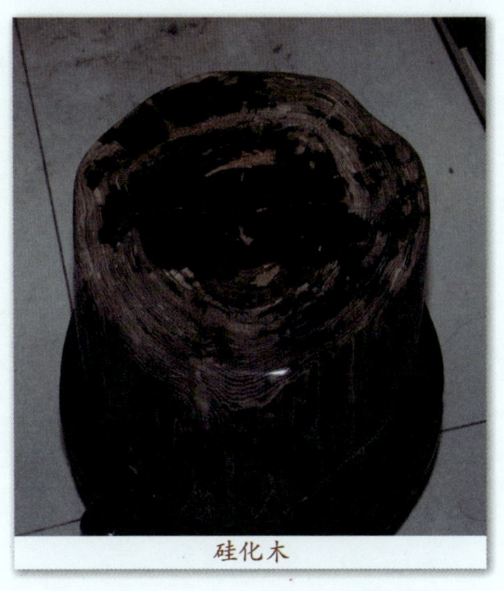
硅化木

照片中是一块产于新疆 2 亿年前的硅化木，其化学成分为二氧化硅，如今已玛瑙化，硬度与石英相似。这块硅化木可见清晰的年轮、原树木的外部形态及内部木质纤维特征。如果你感兴趣，可以数一数这棵树在石化之前的树龄是多少。

照片中的贵州龙化石是 20 世纪 50 年代在贵州省发现的，因而得名。贵州龙属海生爬行动物的蜥类，生活在三叠纪中期，距今已有 2.3 亿 ~2.4 亿年之久，是地球上最原始的爬行动物。其特点为颈长占体长的 1/3，头似三角形，眼大而圆，四肢修长，前肢比后肢稍粗。最大体长可达 1.2 米，常见体长多为 20 厘米左右。不过，贵州龙可不是某种恐龙。尽管它们都属爬行纲中的双孔亚纲，但贵州龙被进一步分入鳞龙次亚纲，且仅繁衍几百万年便退出了历史舞台，而恐龙则被列入初龙次亚纲。恐龙统治地球长达 1.7 亿年之久。

贵州龙化石以其完整、清晰、美观、生动而著称。细细品赏这些化石，会产生一种强烈的遐想，形态各异的“龙”跃然于石板之上，栩栩如生，“石龙”活现。它再现了由突发地质事件引起死亡的情景，有的惊恐万

贵州龙化石

状，有的奋起反抗，有的无可奈何……这种壮观场面告诉了我们它们生前生活的样子。按照多数学者的观点，鸟是由恐龙演化而来的。如果此假说是正确的话，说不定你所见“石龙”的后代正与我们人类一起健康地生活着。

下图是一条狼鳍鱼的化石，它像书签一样被夹在页岩中间，当页岩的书被打开时，便形成了眼前貌似两条鱼的假象。其实右图是鱼的正模，即骨骼所在地，而左图仅仅是骨骼的印痕。

岩石中的狼鳍鱼是硬骨鱼纲真骨鱼亚纲的一属。个体较小，多在10厘米以下。这种鱼上下颌骨有尖锐的牙齿，脊椎、刺骨清晰，辽宁、北京等地侏罗纪及白垩纪地层中均有产出。

狼鳍鱼的化石

地球之谜

沉积岩的特殊本领

“有一个美丽的传说，精美的石头会唱歌”，这首歌中唱到的是山东济南、泰安等20多个县市盛产的“木鱼石”。木鱼石是寒武纪馒头组（距今5.13亿~5.43亿年）的含铁白云岩，呈暗紫色，叩之有木鱼之声，且含有多种人体必需的微量元素和矿物质，如：钙、碘、锶、锌等，做酒具酒味甘醇，做茶具抑制霉菌。

木鱼石茶具

灵璧石的编钟

更为享誉人间的发音石是“灵璧磬石”，又称“八音石”，产于安徽省灵璧县。多为黑灰色石灰岩岩溶石，击之可发出不同声响，质优者为金属声，劣质者为瓦声。上乘的灵璧磬石是我国古代石质编钟的原料石，古代编钟的考古发现使灵璧磬石名扬天下。

此外，广西柳州产出的“墨石”也是一种黝黑如漆、光洁润泽的“响石”，叩击或摇动之时，都会发出不同的响声。

变质岩——在涅槃中重生

北京汉白玉

多数人看来，岩石是坚固的、不变的、亘古的，正如文学家林语堂所说："石是伟大的、坚固的，暗示一种永久性。它们是幽静的、不能移动的，如英雄一般具有不屈不挠的精神。它们也是自立的，如隐士一般地脱离尘世。它们也是长寿的，中国人对长寿的东西都喜欢。"然而事实并非如此。

地壳中已存在的任何岩石（沉积岩、火成岩及变质岩）在温度、压力及流体（通常以水和二氧化碳为主，含有少量钾、钠、钙、硫、铁、铜等成分）共同作用下，均可形成一种全新的岩石，称之为变质岩。与原岩相比，其物质成分、结构和构造都发生了巨大变化。更值得一提的是，原岩是在基本保持固体状态下发生这一天翻地覆的蜕变的。

变质岩以成因复杂著称，以毁灭著称，以重生著称，以造就 60% 的铁资源而著称。破坏与再生是它生存的主旋律，它既不像沉积岩那样具有典型、规整的层理构造，又不像火成岩那样具有撼人心魄的火山奇观，独特与神秘是变质岩的天生丽质。

大理石——丑小鸭变天鹅

石灰岩是一种典型的沉积岩，主要矿物成分是方解石或白云石，化学成分为碳酸钙，外观很普通，多呈灰色（参见“乾隆皇帝御笔青芝岫”图）。然而就是这种再普通不过的岩石经变质作用后，形成的新岩石却让人刮目相看！这种岩石在化学成分基本不变的情况下，彻头彻尾地改变了自己的形象，它有一个名字——大理石，其主要特征是方解石或白云石因重结晶而使得晶体变大，颜色也由原来以灰色为主变为纯白为主，特殊条件下颜色更加艳丽，因云南大理县盛产此岩石而得名。

帝王之石——汉白玉

白色纯净的大理石称为汉白玉，以北京市房山区的汉白玉最负盛名，天安门前的金水桥、华表及故宫中众多碑刻均由此地的汉白玉雕刻而成。名副其实的帝王之石。

步入故宫，每一座壮丽宫殿前都有汉白玉的围栏和石阶，使宫殿更加庄严肃穆和富丽堂皇。保和殿后有一块故宫内最大的云龙石雕，原为明代雕刻，清乾隆年间又重新雕过。在山崖、海水和流云之中，刻有九条口戏宝珠、生龙活虎的游龙，栩栩如生。令人不解的是如此巨大的岩石，在当时没有吊车和搬运工具的条件下，

北京汉白玉

究竟是如何搬运来的呢？经过考证，人们终于弄明白了当年的搬运方法和运输过程。原来当年把这块长 16.57 米、宽 3.07 米、厚 1.70 米、重达 250 吨的巨石整块采下之后，在当地进行了初加工，后等到严冬到来之际，上万人同时作业，采用了旱船拖运的方法（一路人用碎石、黄土铺路，并每里地凿水井一口，在路上泼水成冰；另一路马拉人推、前拉后推，使巨石在冰面上缓缓滑行），靠着众多人力和畜力把巨石一步一步地推拉到紫禁城。从房山到北京城只有 50 多千米路程，拖运时间竟达一个月之久。这不得不令人由衷地钦佩我国劳动人民的坚韧与智慧。

“五花肉”大理石

千年不腐的“五花肉”

广西、云南一带出产一种特殊的大理石，因含三氧化二铁而呈红色，因岩石变质后保留了变质前层理构造，最终形成了层次清晰、颜色鲜明、外貌极像五花肉的大理岩。

美丽的蛇纹石化大理岩

照片中黄绿色的蛇纹石，是由含镁的石灰岩变质而成。由于蛇纹石分布不均匀，便构成了似树似林的绿色画面。

蛇纹石化大理石

悬而未决的混合岩

泰山混合岩

混合岩是变质岩的一种，也可以说是变质岩向火成岩演化的过渡类型，是5.4亿年前（寒武纪）已经成为变质岩的岩石，再经过重熔、注入及交代等作用后形成的。岩石通常由基体（即原岩）及脉体（即重熔后的物质）组成。基体多为变质后的超基性火成岩，脉体则为石英、长石组成的“花岗质”物质。图中的泰山混合岩，是构成这座名山的重要岩石之一。黑色基体为角闪岩，由角闪石及少量绿帘石、绿泥石组成。白色条带便是“花岗质”脉体。其形成过程是，28亿~30亿年前即新太古代时期，超铁镁质火成岩经变质作用后形成角闪岩，经数千万年的地质作用产生的花岗质流体注入基体中，形成这种白色脉体非常发育的混合岩。实际上混合岩是地球上成因最复杂的岩石，至今地质学家们还没有足够的证据及成熟理论对其进行一个合理说明。

地球之谜

泰山何时长高的

有不少人认为山川多形成于古老的地质年代，事实并非如此，以泰山为例，泰山岩虽由25亿年前的古老变质岩构成，可“岩石古老”并不说明“山脉隆起”时代很早，泰山的不少古老岩石是在浅海中形成的，当时并未成山。这些古老岩石曾经历了长期“沧海桑田”的变化，多少次被侵蚀夷平和“准平原化”。泰山山脉形成的地质时代很晚，这正是“老砖盖新房”的道理。

有充分的地质论据表明，当今地球表面所有高山的形成都是很新的，全都是最新地质年代第四纪中、晚期以来成山的。

变质作用的珍贵产物

印章石

在中国古代，印章石代表着个人身份和地位，要求石质细腻圆润、硬度不高和色泽瑰丽，因此黏土矿物组成的变质岩便成为首选。中国印章石资源丰富，产地广、名种多、产量丰。福建寿山石（产于福建省寿山县，岩石以地开石、珍珠陶石等矿物为主）、浙江青田石（产于浙江省青田县，狭义的青田石指青田县山口的青田石，其矿物成分以叶蜡石为主；广义青田石包括青田一带所产蚀变流纹岩火山岩，其矿物成分以高岭石和地开石为主）、浙江昌化石（产于浙江省昌化玉岩山一带，泛指产于侏罗纪蚀变流纹岩和蚀变凝灰岩中的地开石—高岭石质彩石）和内蒙古巴林石（产于内蒙古自治区赤峰市巴林右旗境内，为侏罗纪蚀变流纹岩中的地开石—高岭石质，或地开石—叶蜡石质的彩石），被推为“中国四大名印章石”。

和田玉

除了印章石，与翡翠齐名的优质玉石和田玉，也是变质岩的产物。翡翠主要由硬玉矿物组成；和田玉则属于软玉的范畴，软玉是由透闪石—阳起石两族矿物为主要组分的隐晶质集合体，产自新疆和田地区的含碳酸盐岩与花岗岩体的接触变质带中。北京故宫博物院中的清代浮雕《大禹治水》，就是一块重达5300余公斤的大型和田玉玉雕，成为我国大型玉雕之精华。

夜光杯

“葡萄美酒夜光杯，欲饮琵琶马上催。”是我国著名诗人王翰流芳千古的著名佳句。据考证，这里所说的夜光杯是由蛇纹石玉（或质量上乘的蛇纹石化大理石）制成的酒杯。蛇纹石玉是中、高档质地的蛇纹石矿物的集合体或蛇纹岩。它原产于甘肃省酒泉市以南的祁连山中，一向被称为“祁连玉”（或“酒泉玉”），多呈暗绿色并含有黑斑或不规则的黑色团块，半透明状。用它制成的薄薄的酒杯，在灯光下熠熠发光，很是诱人。

珍奇的观赏石

下面说的这些石头也都属于三大岩石，但由于它们造型独特、外形艳丽、观赏性强，深受人们的喜爱，因此单作一章来介绍。

“会开花的石头”

大自然的神奇变幻，造就了万物，也造就了各种岩石。不仅鬼斧神工的自然力形成各种奇特的造型石，妙笔生花的自然力也形成了多彩的图纹石；而中国品种繁多的五颜六色“会开花的石头”最令人称奇，走近多姿多彩、各式各样的开花石，犹如到了中国第一个女皇帝武则天的百花园中。传说在她的淫威之下，百花竞相开放、竟相生辉，令人陶醉，但唯有牡丹花不开，被贬往人间，菊花石、牡丹石、梅花石、红梅石、玫瑰石、沙漠玫瑰、戈壁玫瑰等各色石花，跨越了时空来人间相聚，共同展示远古世界的风采。

菊花石是一种比较常见的开花石。花蕊和花瓣可分别由多种不同的矿物组成，整个花朵形成于周围岩石基质之前，自晶矿物呈放射性生长而成。我国湖南、湖北、北京西山和河北兴隆都有产出，见于石灰岩、炭质板岩、角岩、大理岩、乃至流纹岩中。最早发现于湖南省浏阳县，产于二叠纪（2.95 亿 ~2.5 亿年前）的泥质石灰岩中。相传乾隆年间已经开采，颇负盛名。近年来市场经常见到的菊花石，产自湖北省宣恩县的二叠纪白云质灰岩中。

菊花石

牡丹石

牡丹石产于河南洛阳，其特征见《岩浆里长出漂亮的花》一节，令人称奇的是世上竟有这等巧合事，“鲜花牡丹”和“奇石牡丹”竟双双产出于河南洛阳，岂不是大自然的造化！

地质学家早就发现一种“竹叶状灰岩”，广泛见于华北地区的下寒武纪（距今 5.13 亿 ~5.43 亿年）地层中，并认识到它们是在动荡的浅水环境下形成的；却不知这些竹叶状灰岩竟是久远以前地质年代狂风波及浅海所形成的风暴岩。

风暴岩（竹叶状灰岩）

梅花石（又称梅花玉）出自河南汝阳中元古代（10 亿年前）的暗色杏红状粗面岩（或蚀变杏仁状安山岩）中，杏仁状气孔被多种矿物填充形成艳丽梅花，纵横裂隙被充填形成彩色枝条，形象十分逼真，花枝招展，很是诱人。

“黑麻子”

红梅石俗称“红麻子”，落户贵州安顺洪家渡，产于石灰岩中，梅花由沉积“豆粒”（比鲕粒大的沉积“包粒”叫“豆粒”）形成，其沉积豆粒呈淡红色，是氧化环境产物。与其伴生的还有一种“黑麻子”，其沉积豆粒呈灰色，为还原环境产物，论成因与“红麻子”相似。

红梅石（“红麻子”）

沙漠玫瑰常见于奇石市场，在石灰岩基质上形成无数白色圆球状花朵，花朵是由硬石膏（充水石膏）晶簇所形成，形象极为奇特，形成于沙漠干旱地区。我国沙漠有所产出，但大量出自墨西哥和东非。

戈壁玫瑰的花朵也很诱人，花朵是由正长石集合体而形成的，也形成于干旱戈壁地带。

具有花形的岩石还有不少，如“钠闪石放射状晶簇”和“锂蓝闪石花朵状晶簇”。试想如果将它们聚集一堂，使之争芳斗艳，岂不气煞百花，看那盛开的牡丹石，不正是武则天百花园中“抗旨不开”的牡丹之王嘛！

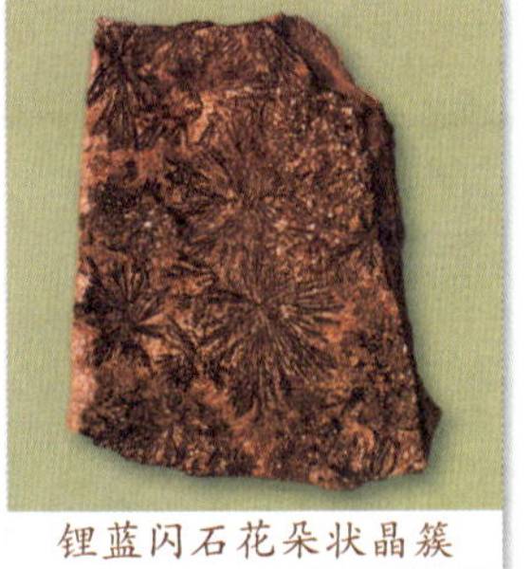
锂蓝闪石花朵状晶簇

钠闪石放射状晶簇

中国十大候选国石

一个国家产出的独具特色、为广大人民群众

喜爱，并承载着本国石文化精髓，而象征国家的石种，就是国石。现在已有38个国家有自己的国石。其实国石的含义远大于岩石，它既可以是某种岩石，也可以是某种矿物，甚至还包括生物衍生品，如珍珠、珊瑚等。在中国，1999年8月在北京第一次国石研讨会上，推荐了福建寿山石、浙江昌化鸡血石、浙江青田石、新疆和田玉、河南独山玉和辽宁岫岩玉等6种为候选国石。2002年2月在北京第二次国石研讨会上，候选国石增至10种：辽宁岫岩玉、新疆和田玉、福建寿山石、浙江青田石、内蒙古巴林石、浙江昌化鸡血石、台湾红珊瑚、河南独山玉、福建华安玉和湖北绿松石等榜上有名。国石评选是一件复杂的事，一定要反映绝大多数公民的意愿。当前仍在酝酿、讨论阶段。究竟是谁可以荣登“中国国石”的宝座呢？我们拭目以待。

中国台湾的著名雅石

我国台湾把观赏石叫做雅石。台湾有特殊地质条件，形成了许多独具特色的雅石。例如：①花莲玫瑰石、花莲金瓜石、台东西瓜石等变质岩雅石；②黑石、梨皮石、花鹿石、蛤蟆皮石等玄武岩雅石；③龟甲石、宜兰冬山石和龟纹石等沉积岩雅石。由于台湾地理位置特殊，恰在欧亚板块和太平洋板块结合带上，台东大峡谷正是其通过的地方，因此出现

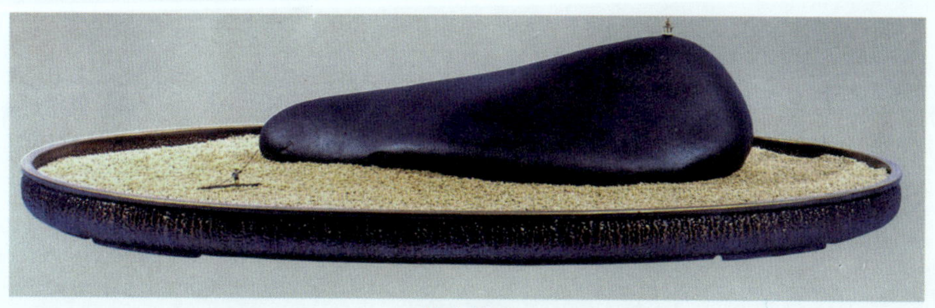

枋山黑石

了板块缝合带上特有的双变质带岩石，即“高压低温变质岩”和“高温低压变质岩”，极富特色，有重要科学研究价值，是太平洋板块向欧亚板块俯冲的有力证据。

中国四大名石

江苏太湖石、安徽灵璧石、广东英德石和南京雨花石，一向被誉为我国古代四大名石。前3种都是石灰岩，属于造型类岩石观赏石。它们是由地下水长期作用而形成的岩溶石，多具有造型奇特、孔洞连通、致密挺拔等特征，常用作大型园林石供陈列欣赏，广泛受到人们的喜爱。雨花石则是卵石类观赏石，以艳丽色泽和变化无穷的纹理、图案为人们所追捧，实际上它的矿物成分就是玛瑙，常被放在水盆之中置于书斋、客厅供人观赏。考古学者告诉我们，早在5000年前的南京阴阳文化遗址中，就发现有雨花石质装饰品。

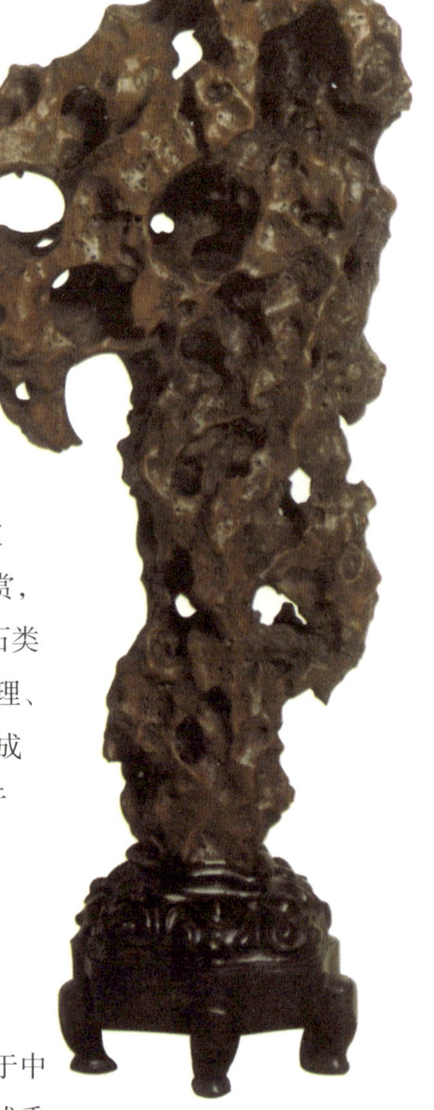
太湖石

不同民族有不同的审美理念。基于中国石文化理念，古人常以瘦（体态挺拔秀丽)、皱(凹凸相向有序)、漏(孔洞层层叠套)、透(孔洞贯通,纹理纵横)为审美标准,这正是宋代书画家、赏石名家"石癫"米芾所提出的"赏石四字诀",至今继续沿用。而源于中国古代"天人合一"哲学思想而衍生的"天石合一"观念,则是中国石文化的精髓和最高境界。

江南园林三大名石

园林石是以美化和观赏为目的,在园林中作为景物而设置的大、中型观赏石。一般均选用未经加工、由自然鬼斧神工雕琢而成、挺拔而造型奇特的岩石,主要用作假山石或者特殊意义的事件石。上海豫园的玉玲珑,苏州原织造府的瑞云峰(另一说为苏州留园的冠云峰)和杭州花圃的皱云峰,一向被视为假山石中的极品,被誉为"中国江南园林三大名石"。谁曾知晓,这著名的江南园林三大名石,竟是达官贵人女儿的嫁妆——

苏州留园的冠云峰

瑞云峰和冠云峰是明代董份女儿嫁给徐泰的嫁妆；玉玲珑则是明代储昱女儿嫁给潘云亮的嫁妆；而皱云峰几经转手，道光年间陪嫁崇德蔡氏。园林石多为造型类观赏石，体态挺拔，凹凸有序，孔洞叠套，以孔洞贯通、纹理纵横为基本要求。据考证，这三大园林名石竟然都是花石纲的遗石，有意思的是所谓“江南园林三大名石”得名仅依据其来历及所处的地理位置，而其岩石特征则完全同于太湖石，只因为它们被放置在园林里，才成为名石。

矿物篇

地球由岩石构成，而岩石由矿物组成，可以说，人类就生活在由矿物构建的地球之上。已知的地球矿物有4000多种，这些矿物构成了丰富多样的矿产资源。人类目前使用的95%以上的能源、80%以上的工业原材料和70%以上的农业生产资料都来自其中。

矿物的世界

石英晶体
（4.8厘米×2.5厘米×1.6厘米）

人们的生活离不开矿物，但大多数人对矿物的了解却不多。曾有朋友指着笔者桌上的一块形态完美的石英晶体（见左图）不解地问："为什么把它磨成这样的形状呢？"其实，这精美的六方柱状就是石英的本来面目，是地球历经千万年的时间，在一定的温度和压力下孕育雕琢而成的。矿物的神奇令人赞叹，不过要想敲开矿物世界的大门，首先需要拥有一些地质科学的知识才行。

矿物是什么

从地质学的角度来说，矿物就是大自然创造的晶质固体（简称晶体），知道了这点，对判断矿物非常重要。比如人造水晶，虽是晶体，却非自然形成，所以不能算矿物。又比如水银或石油，虽是天然形成，却不是固体，所以也不能算是矿物。

就像生物体由细胞构成一样，矿物则由晶胞构成，这些晶胞的排列构成就如同 DNA 一样丰富多样。通常来讲，大约 1 立方厘米大小的矿物，里面就含有大约 2×10^7 个晶胞！

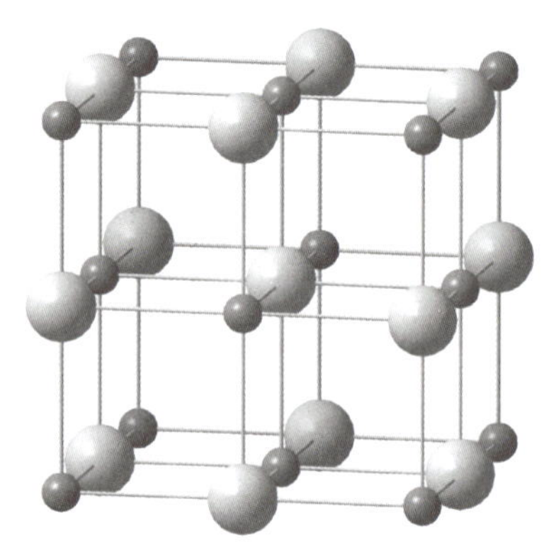

右图是一个矿物的晶胞，如果把大、小球分别看成是 Cl 和 Na，形成的矿物就是食盐（NaCl）；如果分别看成是 S 和 Pb，则是方铅矿（PbS）；同样，如果大、小球分别代表 O 和 Mg，则就是方镁矿（MgO）了。石盐是无色透明的晶体，而方铅矿和方镁矿则都是不透明的晶体。这个例子告诉我们：矿物的世界虽然看上去纷繁复杂，追根究底，却总有规律可循。

地球谜题

以下哪种物体是矿物？

A.钻石　B.汉白玉　C.玻璃　D.珍珠　E.琥珀

（答案：钻石 汉白玉）

矿物的形成

矿物不仅产自地球内部，也产自各类地质体、宇宙天体甚至生物有机体的内部，但不论在任何地方，矿物的形成必须具备以下几个条件：有矿物的物质来源，有一定的空间，有一定的时间，还需要具备一定的温度和压力。比如水晶晶簇，首先富含二氧化硅的热液要在岩石的空洞中占有一定的空间，当温度达到550 ~ 600℃之间，空间压力达到标准大气压的2 ~ 3倍后，还需要至少等上一万年，晶莹剔透的水晶晶簇才能形成。所以，如果你有幸得到一块天然水晶，无论它大小美丑，都值得珍惜，因为那是来自冰河时期之前的大地结晶，距今有亿万年的历史。

矿物的形成一般受两种作用的影响，分别为内生作用和外生作用。内生作用的能量源自地球内部，如火山作用、岩浆作用和变质作用。外生作用为太阳能、水、大气和生物所产生的作用（包括风化、沉积作用）。对于内生作用，大家一般比较熟悉，其实，外生作用对矿物的形成也非常重要。例如，火山喷出的硫蒸气或硫化氢气体，前者因温度骤降可直接凝华成自然硫，硫化氢气体与大气中的氧发生化学反应，也可以形成自然硫。我国台湾大屯火山群和龟山岛的自然硫矿就是这样形成的。

有趣的矿物名

每一种矿物都有一个正式的名称，但是，和人有小名、别名一样，有的矿物也有其他的名字，其中不少还是我国古代人民所创造且沿用至今的。

密陀僧——学名氧化铅，古文载“密陀，没多并胡言也，出波斯国……密陀僧，取原银冶者”，大意是古人最早见一波斯僧人冶炼银子，就将他冶炼的那种石头叫做密陀僧。密陀僧呈红色，属四方晶系，质地绵软，有油脂光泽，多产于铅矿床的氧化地带。铅的氧化物还有一种叫铅黄，呈黄色，属正交晶系。密陀僧多与铅黄产在一起，因此波斯僧人可能不是在冶炼银子，而是在炼丹（古代的丹药含有很高的铅）。

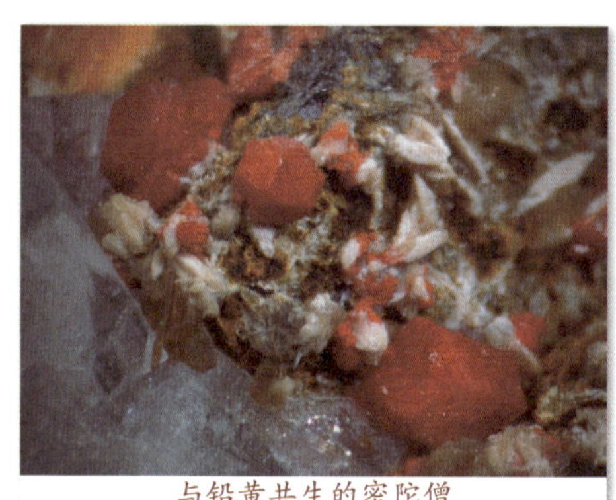
与铅黄共生的密陀僧

胆矾——学名五水硫酸铜。“矾”在矿物名称中特指那些易溶于水的物质，而这里的胆则“以色味命名”。胆矾是一味矿物药，古代常作为催吐药，服后会引起呕吐。胆矾有漂亮的蓝色，但如果暴露在干燥的空气中，会由于失去水而变成不透明的浅绿色粉末。

胆矾易溶于水，是颜料、电池、杀虫剂、木材防腐等方面的化工原料

雄黄和雌黄——这两个名字都是我国古人所起，古人认为雄黄“生山之阳，是丹之雄，所以名雄黄也”，雌黄“生山之阴，故曰雌黄”。雄黄是一种含硫和砷的矿石，大多为橘红色透明或半透明晶体，再衬上白色方解石等共生矿物，常常呈现出极其艳丽的美色。产于温泉沉积物和硫质火山喷气孔内沉积物中的雄黄，常与雌黄共生。将雄黄置于阳光下暴晒，会变为黄色的雌黄或砷华，所以，保存应避光以免受风化。此外，将雄黄加

雄黄

热到 300℃以上后在空气中可以被氧化为剧毒成分三氧化二砷，即砒霜。

滑石——滑石在古代也被称为“画石”，“其软滑可以写画也”，是一种常见的硅酸盐矿物。滑石质地很软并且具有滑腻的手感。人们曾选出 10 个矿物来表示 10 个硬度级别，称为莫氏硬度，在这 10 个级别中，第一个（也就是最软的一个）就是滑石。柔软的滑石可以代替粉笔画出白色的痕迹，也常用作耐火材料，造纸、橡胶的填料，农药吸收剂，皮革涂料，化妆材料及雕刻用料等等。

质地柔软的滑石

云母——云母是一种常见的层状硅酸盐矿物，古人认为“此石乃云之根，故得云母之名”。现在云母这个名称指的是一类矿物。

云母

有别名的矿物还有很多，如阳起石、玛瑙（马脑）、钟乳石等，顾名思义，便可以猜出古人起这些名字的含义。现在的矿物名称中也多数沿用了古代矿物名称的字尾，比如一般非金属矿物的名称会用“石”的字尾，如滑石、方解石等；金属矿物名称字尾用“矿”，如闪锌矿、方铅矿、黄铁矿；可以作为玉石的矿物名称用“玉”，如刚玉、黄玉、硬玉等；呈透明晶体的矿物叫“晶”，黄晶、冰晶石等；经常以细小颗粒出现的矿物名称用“砂”，如硼砂、辰砂等；在地表附近形成且呈松散状的矿物叫"华"，如锑华、锡华等;易溶于水的矿物用"矾"，如胆矾、明矾等。

此外，新矿物的命名一般会考虑矿物的化学成分（如自然铜、硼砂、锡石等）、物理性质（如橄榄石、磁铁矿、电气石等）、形态特征（如石榴石、方柱石）、矿物发现产地（包头矿、黄河矿等）以及著名人物（如张衡石、李四光矿）等因素。也有混合几种特点命名的，如方铅矿、菱镁矿等，既反映了其形态的特点，也表达了化学成分的特点。

有一些中文矿物名称是从不同外文名称转译而来，部分保留了原始的含义或者只是进行了简单的音译。借用日文中汉字名称的矿物，如绿帘石、天河石、冰长石等，即属于这类来源；简单音译的矿物，如贝塔石（betafite）、布拉格矿（来自 Bragg 父子，他们是著名的晶体矿物学家）等也为数不少。还有相当多的矿物名字非常奇特，至今仍未考证出来，如暧昧石（griphite）、独居石（monazite）、海泡石（glauconite）、宁静石（tranquillityite）等。

地球谜题

"信口雌黄"是何意?

"信口雌黄"这个成语的意思是有些人不顾事实，随便乱说。信口二字人们容易明白，是随口说话，但为何与一个矿物名字——雌黄联在一起呢？原来古时人们写字多用的是黄纸，如果把字写错了，用这种黄色矿物涂一涂，就可以重写，故成语的缘由就出于此。此成语出自晋·孙盛《晋阳秋》："王衍，字夷甫，能言，于意有不安者，辄更易之，时号口中雌黄。"

矿物的高矮胖瘦

矿物的晶体有时以单独的个体出现，有时以聚合形态出现，前者被称作“单体”，后者被称作“集合体”。如果颗粒细小，只能在显微镜下才能分辨出来，这种集合体称作“隐晶质集合体”，大家熟知的玛瑙，就是由隐晶质的石英（二氧化硅）组成，钟乳石是由隐晶质的方解石构成的。肉眼或用放大镜就能看得见的叫“显晶质集合体”，如大理石就是由显晶质的方解石组成的矿物集合体。此外，矿物晶体的个体还有胖有瘦、有高有矮，它们聚集在一起形成集合体时也有着一些特殊的名称。例如，如果晶体很瘦很高，那么它们形成的集合体就叫“柱状集合体”，如果“很胖很矮”，就叫“板状集合体”或者“片状集合体”。

地球谜题

显微镜下的矿物晶体

在偏光显微镜下，可以看到大理石的内部形态，直径不到1毫米的方解石颗粒相互镶嵌，形成了大理石复杂美丽的花纹。

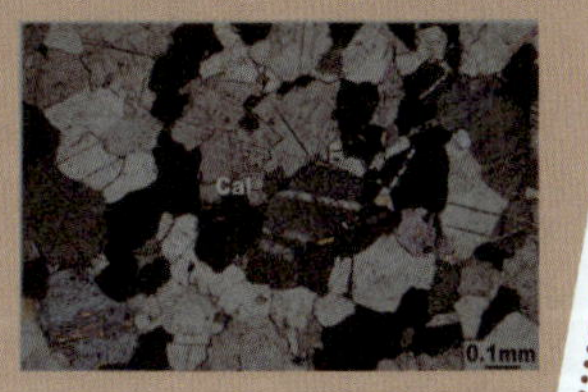

矿物的颜色

生命的世界因色彩而美丽，洁白的莲花、艳红的牡丹、嫩黄的迎春花、粉红的桃花、紫红的紫荆、橘红的君子兰都带给人美的享受。矿物虽然本身没有生命，但它同样也拥有如花朵般姹紫嫣红的色彩，这些美丽的颜色，自古就成为吸引人类探寻矿物之谜的魅力源泉。

矿物学家根据色彩的产生机理，将矿物大致分为3类:第一类是“自色”，这是矿物自身的化学组成的颜色。例如，赤铁矿的红色就主要由其化学成分中的三价铁带来的。第二类是“他色”，即矿物的非固有颜色。例如，石英本是无色透明的，可是含有微小的碳质包体后，就呈现灰色，即所谓的“烟水晶”。第三类是“假色”，指的是由物理光学效应（诸如漫散射、干涉、衍射等）引起的颜色。如蛋白石（欧泊）往往呈现略带蓝色的乳白光，它就是由于蛋白石的二氧化硅胶体微粒使入射光发生漫散射而引起的；斑铜矿表面斑驳陆离的彩色（称为锖色）是由于矿物表面对光的干涉作用引起的。如果把矿物磨成粉末，只有自色矿物仍然保持其原来的颜色，而他色和假色矿物其原来呈现的颜色就会不复存在了。

人们被天然矿物的美丽色彩吸引，还因此赋予了它们许多美好的含义。

图中为红宝石

红色——表示活力、健康、热情和希望，红色的矿物有红宝石、辰砂、雄黄、赤铁矿等。

图中为金绿宝石

橙色——表示兴奋、喜悦和活泼，金绿宝石呈现出高贵的橙黄色来，它也是名贵的宝石矿物。

图中为自然金

黄色——表示高贵、光明和快乐，常见的黄色的矿物有自然金、自然硫、黄铁矿等等。

图中为孔雀石

绿色——表示青春、和平和希望，绿色的宝石矿物有绿柱石（祖母绿）、孔雀石、橄榄石等。

图中为铀矿

青色——表示坚强和庄重，这种矿物较为稀少，主要是一些含铀的矿物，如沥青铀矿、方钍石等。

图中为青金石

蓝色——表示满足、清新和宁静，海蓝宝石、蓝宝石和青金石等都是典型的宝石级蓝色矿物，而铜蓝、蓝铜矿等都是很好的矿物颜料。

图中为紫萤石

紫色——表示高贵、典雅和华丽，紫色的矿物有紫水晶、紫萤石等。

图中为方解石

白色——表示纯洁、神圣和高雅，石英、钠长石、方解石、白云石和白钨矿等等均为白色矿物。

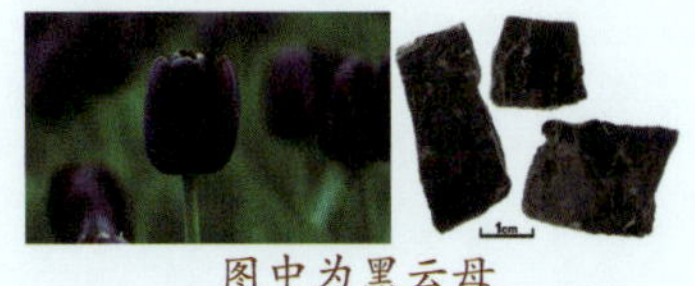
图中为黑云母

黑色——表示神秘、静寂和悲哀，黑色矿物种类比较多，常见的有磁铁矿、黑云母、黑钨矿、石墨、钛铁矿等。

地球谜题

矿石色彩与矿物颜料

人类对矿石色彩与矿物颜料的认识由来已久，汉代墓室壁画使用的矿物颜料有石青、石绿、储石、石黄、朱砂等。到魏晋隋唐时，壁画使用的矿物颜料则更为广泛，开始使用孔雀蓝、煤黑、高岭土、蓝铜矿、绿泥石、氧化铝、青金石等。在制造陶瓷的原料和彩绘着色方面，也都广泛地应用了矿物。比如东汉时出现了瓷器，其中瓷土就是一种含石英—高岭—绢云母类型的伟晶花岗岩风化后的岩石矿物。由于瓷土中含铁量的不同，出现了青瓷、白瓷和黑瓷。宋代出现的紫砂壶，原料是一种质地细腻、含铁量高的特殊陶土，属于高岭—石英—云母类型。

紫砂原料和紫砂壶

可以治病的石头

人类使用矿物药的历史可追溯至远古时期，其中有文字记载的最早见于周朝，在《周礼·天宫·疡医》载“凡疗疡，以五毒攻之”。此五毒便是石胆、丹砂、雄黄、矾石和慈石这五种“有毒”的矿物。

成书于汉朝的《神农本草经》(公元前 1 世纪，作者不详)记录了 43 种矿物药的名称、别名、性状和功能等。其后，历代也有不同版本的“本草”问世,虽然历代本草文献浩如烟海,最为著名的当数明代李时珍的《本草纲目》(公元 1590 年)，其中记录了 355 种矿物药，对组方配伍、剂量剂型以及用法用量等也进行了详细的阐述。下面是一些经典的有定论的矿物药：

朱砂，也叫丹砂、神砂等，即矿物辰砂。朱砂味甘，微寒，明目，养精神，安魂魄，也是定惊安神药。朱砂还能解毒医疮，但不宜久服，否则会汞中毒。

长石，也称直石、方石等。矿物药中所说的长石特指矿物硬石膏无水硫酸钙。味辛寒，主身热，利小便，通血脉，止消渴，下气，一般被用作内服的煎汤药。

石膏，也叫软石膏、寒水石等。石膏味辛，微寒，主中风寒热、产乳，是清热降火的名药。著名汤剂“白虎汤”里,石膏是主药,专医急性高热，口渴烦躁出大汗等症。

云母，也称千层纸，是一种层状结构的硅酸盐矿物。云母类矿物有数十种,可入药的云母特指白云母。云母味甘平,主身皮死肌,中风寒热，益精，明目。

磁石，也叫慈石、瓷石等，矿物名即磁铁矿。在中药里，它与朱砂、神曲制成“磁朱丸”，能治肝阳上亢引起的头晕头痛、耳鸣耳聋、目视不明及心神不安等症，磁石也是纳气平喘药方中的主味药物。

硫磺，也叫硫黄、留黄等，矿物名即自然硫。味酸，性温，能温肠通便、杀虫止痒，还可补火助阳。

孔雀石，又名铜绿

雄黄，也称石黄、熏黄等，是久传于民间的解毒医疮杀虫药物。我国自古便有在端午时节、盛夏将临之际饮雄黄酒的习惯，就是应用雄黄的解毒、杀虫的功效。

雌黄，也叫昆仑黄、砒黄，雌黄与雄黄往往共生在一起，其药性也与雄黄相近，也常作为解毒、杀虫的主味药。

大青盐，也称戎盐、胡盐等，就是我们日常吃的食盐，矿物名为石盐。味咸性寒，有健吐作用。可吐胃中宿食或痰水停积，也治胸腹突然疼痛之病。如果人体缺盐，就会有乏力头晕等症状。

铜绿，也叫铜青，矿物名是孔雀石，是一种含铜的碳酸盐矿物。孔雀石性寒，主风烂泪出，能止血止泻，收敛解毒，治恶疮等。孔雀石的治病机理与其他含铜矿物药类似（如胆矾），都是因为铜的作用，但如摄入过量的铜，则会对人体有害。

红色高岭石

赤石脂，即红色多水高岭石，能够涩肠止血，收温生肌。含有高岭石的“桃花汤”，对泻痢便血有很好的疗效。其治病原理是因为高岭石具有很强的吸附作用，也可用作治疗溃疡的外用药。

人体中的矿物

人体中也能生长出矿物？科学家对这

个问题的回答是肯定的。人体中发现的矿物超过 20 种，它们可以出现在人体的各个部位。

依据对人体健康的影响，科学家将人体矿物简单划分为生理性和病理性两大类。前者形成与生长对人体健康无害，是人体内固有的，而后者并非人体内固有的，其形成和演化与人体的某些疾病有关。例如碳羟磷灰石出现在人体骨骼或者牙齿中时，它是生理性的，而当其出现在人体的心脏、血液等部位时，则对人体健康有害，此时就属于病理性的矿物了。

人体中的矿物颗粒细小，且与生物有机组织联系紧密。如骨骼中的碳羟磷灰石，其二维平面尺寸仅仅约 50 纳米 ×25 纳米大小；又如人脑部的磁铁矿，大约每克里面含有 500 万个单晶体，由此可见矿物颗粒之细小了。尽管如此细小，将人体中所有的矿物集合在一起，也有人体重量的 4%。

但到目前为止，科学家对人体矿物的了解还比较肤浅，多数人体矿物的形成、生长机制以及与疾病的关系尚不十分清楚。

矿物中的水

你能想象在看似冰冷坚硬的岩石以及岩石所含的矿物中间，也含有数量还不少的水吗？

水最常见的状态是分子水，即江河湖海中的水。此外，水还以离子的形式存在，如羟基、重水等，这种水我们的肉眼就看不见了。所谓矿物中的水，就包括了水分子以及水的离子两种存在形式。其中以水分子形式存在的水被称为吸附水和结晶水。吸附水不参与组成矿物的晶体结构，而只是被机械地吸附于矿物颗粒的表面或缝隙中；结晶水参与组成矿物的晶格，有固定的结构位置，例如石膏的分子式中就含有两个水分子。以水离子形式存在的水被称为结构水，这种水也参与组成晶体结构，并有固定的结构位置和确定的含量比，如水镁石 $Mg(OH)_2$ 等。

此外，还有两种介于结晶水与吸附水之间过渡类型的水，分别称为沸石水和层间水。矿物中含水量最高的是个叫钙铝矾的矿物，它既含有结构水也含有结晶水，其重量中的 46.3 %是由水贡献的！

矿物中的水在科学研究和日常生活中有哪些重要意义，下面两个例子可以帮助我们弄清楚。

例一：水的循环

多数人对这个问题的理解是“地面—天上”的循环，即地表水的蒸发—冷凝—大气降水的过程。可是很少人知道还有水的“地表—地幔”这样的循环。在板块活动过程中，由于强烈的挤压作用，岩石圈板块要向地幔俯冲。这样一来，在俯冲板块中的含水矿物，由于经受不住地幔条件下的高温和高压，就会发生脱水作用，因此释放出来的水不能进入地幔深部，绝大部分就和一些地幔物质一起构成了岩浆，沿着板块边缘部位

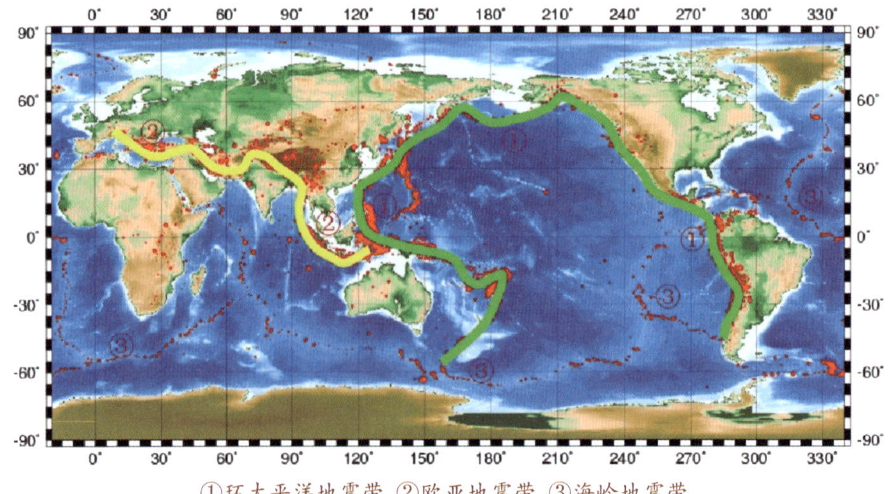

①环太平洋地震带 ②欧亚地震带 ③海岭地震带

向地壳和地表上升，最终形成岩浆岩或者喷出地表形成火山岩，从而完成一次“地表—地幔”水的循环。从世界地图上可清楚看到，环太平洋列岛分布在太平洋周围，像一个巨大的花环把大陆与海洋分隔开来。究其成因，就是因为这些地区处于大洋板块和大陆板块的接触部位，地质历史时期不断的火山喷发，使得岩浆积聚逐渐高出海平面而形成现在的岛屿。至今这些地区仍是火山活动活跃的地区。

例二：保水剂的研究

蒙脱石

在沙漠等干旱地区，由于降水量低、气候干燥，使得地表的水资源很少，因而也影响了植物生长。事实上，单纯从水资源的总量考虑，也许能满足植物生长的需求，只是这些水不能有效地储存在植物的周围，因而关键是解决水如何储存的问题。某些含水矿物的特性给了人们有用的启发。例如，有一种叫蒙脱石的矿物，它是一种层状的硅酸盐矿物，其结构层之间的空间较大，且具有可膨胀性，如果加进去水的话，这些水就可作为层间水存在于结构层之间，并使其体积膨胀 20 ~ 30 倍。如果能对这类矿物进行适当的工艺处理制成保水剂，让水最大限度地储存其中，并把它置于植物的根系附近，根据环境湿度将储存的水缓慢释放出来，就可以保证植物的正常生长了。

金属矿物

金属及其合金在人类的生产、生活中有着极为广泛的应用。从家用厨具到汽车轮船，从太空飞行器到电脑电池，到处都有金属的影子；金属还可以制成艺术品和武器，我国商代就制造出了精美的青铜器——“司母戊鼎”，春秋和战国时期已经可以冶铁和炼钢。可以说，金属和人类的生活密切相关。那么金属在自然界中又是以何种形态存在的呢？

以铜为例，自然铜在地壳中总含量不超过0.01%，不过含铜的矿物却很常见，它们大多具有鲜艳的颜色，比如艳绿色的孔雀石。铜矿石煅烧后得到铜的氧化物，再用碳还原，就得到金属铜。铜是人类第一种大量使用的金属，人类从此结束了漫长的“石器时代”。

孔雀石

金属矿物就是指像孔雀石这样具有明显金属性的矿物，主要是硫化物和部分氧化物矿物，如黄铁矿（二硫化铁）

和磁铁矿（四氧化三铁）等；还有少数自然元素矿物，如自然金等。金属矿物多呈金属或半金属光泽，具各种金属色，不透明，导热性良好。主要的有色、稀土以及贵金属矿产均来自于金属矿物。

黄铁矿

细说黄金

黄金颜色绚丽、富丽堂皇、光彩耀人，古往今来一直是人们追逐的对象。它不仅仅是财富和富贵的象征，同时作为一种用途非常广泛的金属，也渗透到了人类的政治、经济、文化和艺术生活的方方面面。黄金为何如此受人青睐呢？

金（Au）元素在元素周期表上排位第 79 位，在自然界常见到的，便是自然金，也就是我们说的黄金。在自然金的内部结构中，金原子之

黄金

间呈最紧密堆积状态，每一金原子的周围都有 12 个其他的金原子接触。黄金晶体常呈八面体和菱形十二面体的外形。

自然金有许多优异的性质。第一，其外表金黄色的光泽最引人注目。这样的金黄色带有一种难以名状的感召力，往往和富贵及神秘联系在一起。第二，黄金的化学性质十分稳定，不溶于酸，只溶于王水，在空气中长期暴露也不会改变颜色或减弱其光泽。第三，黄金比重较大，为 19.37，便于携带或收藏。第四，黄金具有很强的韧性（或称延展性），可敲击成很薄的片状而不会破裂，最薄可达十万分之一厘米，1 克黄金可拉成约 2 千米长的细丝。此外，黄金的熔点为 1062 ℃，也是极好的热和电的良导体。

从地质的观点来看，产于原生矿床中的自然金被称为岩金，又称脉金。岩金一般颗粒很小，肉眼看不见；产在河流阶地、海湖滨岸砂矿中的金，被称为砂金。人们所说的“淘金”就是针对这种成因的金而言的。砂金是原生金矿经过风化和水流搬运后在一定的地方聚集起来的。砂金往往肉眼可见，其中个体很大的自然金被称为“狗头金”。世界上最大的“狗头金”1873 年发现于美国加州，重达 285 千克。除了地球，在宇宙空间

巅峰档案

宇宙中的“黄金星球”

在茫茫无垠的太空中，科学家还探测到了一颗“黄金星”，它位于巨蟹星座中的巨蟹K星，此星的内部由锰构成，表面是黄金，这颗“黄金星”的体积比我们的太阳大3倍，含金量估计达1000亿吨以上。但由于距地球过于遥远（175光年），如用光速太空飞船前往，往返需350年的时间。

中也存在大量的黄金。陨石中的金含量约每吨5～10克，如果按每年约7300吨陨石光临地球计算，在降落过程中，大气摩擦燃烧后约有3000吨微尘落到地面，这样，每年可从“天外来客”身上提取17.5～35千克的黄金。

金缕玉衣

黄金在地壳中的丰度量极低，是名副其实的贵重金属。我国金矿资源分布广泛，资源丰富，按可利用储量计，居世界第四位，但由于勘探程度低和交通不便等问题，在目前的技术经济条件下，难以开发利用的约占百分之十几。我国早在3500多年前，就已经开采和使用黄金了。出土文物证实，公元前1520年前后的夏朝时期，古人已经制作金箔、金丝、金砖等装饰物品。战国时期的《管子·地数》一书中写道："上有丹砂者，其下有金，上有慈石者，下有铜金"，是说上有丹砂（就是辰砂矿）下面就有黄金，上有慈石（即磁性矿物）下面就有铜金。这也是寻找黄金的标志。著名的出土文物——汉代的“金缕玉衣”，便是以金丝穿缀玉片制

金矿矿洞

成的陪葬品。唐代金陵子著《龙虎还丹诀》中记载“金方一寸,重一斤”,可见当时的人对金已有深刻的认识。

黄金首饰

在生活中，人们对黄金的认识莫过于黄金首饰了，诸如项链、戒指、耳环等。但黄金太软，用纯金制作首饰或货币并不太合适，必须加入少量的其他金属，以增加其硬度。金制品的纯度一般用K表示。K是Keration的缩写，通常都以24K金为“纯金”。按我国的规定，含金量99%为足金，含金量99.9%为千足金。24K表示含金量为100%，22K为91.3%，20K为83%，18K为75%，以此类推。至于生活中常见的金牙、金表、金笔、金眼镜等，也都不是纯金，而是在其他金属的表面焊合、锻结或用其他机械方法加上一层金而成。黄金也有药用价值,《本草纲目》载：“风眼烂弦……用金环烧红掠上下睑肉，即愈。”这里说的是利用金子的熔点高，烧之高温后，施以消毒的方法。此外，由于黄金具有极好

巅峰档案

记录淘金的诗歌

唐代著名诗人刘禹锡（公元772～842年）的《竹枝词》第六首“浪淘沙”，不仅意境优美、音韵和谐、极富民歌风采，而且也是一首很好的科学诗，指明了在“澄洲”，即江心洲和“江隈”，就是河流的转弯处最易沉淀黄金的事实（这两处也是流水速度减慢的地方，由于黄金比重大，故在此最容易沉淀）。全诗如下：

日照澄洲江雾开，淘金女伴满江隈。

美人首饰侯王印，尽是沙中浪底来。

的导电性和稳定性，广泛用于计算机、电视机、收录机的集成电路中；在航天工业中，黄金也用于火箭发动机的涂金防热罩或高级真空管涂料等。

揭秘“愚人金”

黄铁矿具有黄金般的颜色和外表，不知迷惑了多少人的眼睛，所以黄铁矿也被称为“愚人金”。而实际上，除了在颜色上相近之外，黄铁矿和黄金的差别还是非常大的。

和黄金非常相像的黄铁矿

在颜色上，黄金的颜色是纯正的金黄色，堂皇华丽，璀璨夺目；而黄铁矿的颜色则是在金黄色中带有白色的色调，呈浅黄铜色。两者单独放置的时候可能不好识别，但放在一起，就会感觉到它们明显的区别。从外形上看，黄铁矿常常具有完美的几何外形，常见的有立方体、八面体、五角十二面体及其聚形，其表面往往有条纹，10 厘米见方以上的晶体很常见；而黄金一般没有规则的几何外形，常为块状、树枝状等样子，个头大小也远比黄铁矿要小的多；黄铁矿的硬度较大，约 6 ~ 6.5，用小刀刻划不会留下痕迹，而黄金的硬度则很小，仅为 2.5 ~ 3，用手指甲几乎就能划动；但黄金的比重却很大（为 19.3），约是黄铁矿的比重（5 左右）的 4 倍。

除此之外，在实际用途上黄铁矿比黄金要逊色多了。黄金不仅是常见的珠宝首饰原料，而且也是一种战略资源，一个国家黄金储备的多少可反映国力的强弱，世界市场也多以黄金为货币计量单位。鲜为人知的是，由于黄金具有极好的延展性和无与伦比的导电性，在现代的电子、航天等领域也具有不可替代的作用。有趣的是，黄铁矿的工业用途仅仅是用来提取硫，是制取硫酸的主要原料，尽管它的含铁量不算低，但因为硫难于处理并影响铁的质量，故黄铁矿并不用来炼铁。但黄铁矿经常可以形成非常漂亮的晶簇，作为好的观赏石，其身价可以成千上万倍地增加，倒是应了那句“点石成金”的俗语。

黄铁矿虽然是“愚人金”，但有的黄铁矿确实也含有黄金，有相当一部分的原生金，是以眼睛看不到的显微或超显微金等方式贮存于黄铁矿的裂隙或晶体缺陷中，使黄铁矿成为重要的载金矿物。有关的研究表明，含金黄铁矿的晶形越好、晶粒越小，则含金量越高。黄铁矿因此也成为重要的寻找金矿的标志。

金菊花石

黄铁矿可形成于多种不同的地质条件下，但在不同条件下形成的黄铁矿样子差别也不小。如在某些变质岩中的黄铁矿，往往呈十分独特的“葵花”状形态，它们实际上是一种碟状结晶体，中心是细小的聚晶，外围一圈是大颗粒聚晶，形同葵花之瓣。还有的呈辐射状的黄铁矿结核，将含这种结核的岩石打磨平整，则是高档的观赏石，叫金菊花石。在岩浆岩中，黄铁矿呈细小的颗粒，浸染状分布于其他的岩石中；在各种接触交代矿床中，黄铁矿还常与其他硫化物共生，形成硫化物矿床。不论是何种成因的黄铁矿，在地表条件下往往会氧化，形成铁的氧化物和氢氧化物，尤其是在硫化物矿床的地表部分，形成所谓的“铁帽”，是寻找硫化物矿床的典型标志。

地球上含量最多的元素——铁

铁是人类生产生活中不可或缺的一种金属矿物，就连我们的机体本身也离不开铁，成人血液里就含有大约 3 克左右的铁。在人类历史的长河中，铁的使用是人类文明进程中的一个里程碑。如果说“石器时代”是人类摆脱蒙昧、走向文明的一个起点，那么其后的“铁器时代”便是人类文明的第一次辉煌。直至现在，一个国家的钢铁产量仍是衡量其工业发达程度和经济实力的一个十分重要的标志。

可以想象，如果没有了铁，世界将会是怎么样呢？苏联科学院院士、著名的矿物学家费尔斯曼为我们描述了这样一派景象：“……街头出现了毁灭性的惨相。无论是电车的铁轨、车厢、车头，还是各式汽车……都消失了，甚至连造桥的石头也变成了腐土，植物因为没有了生长所必需的铁而开始枯萎。毁灭的风暴席卷全球，人类也不可避免地死亡……”

幸而这位矿物学家描绘的现象是不可能发生的，因为铁是地球上含量最多的化学元素。不过人类能够利用的铁只有地壳和地幔中的很少的一部分，这部分的铁存在于种类繁多的含铁矿物之中。所有人们使用的铁,都是从这些矿物中提炼而来的。目前已经发现的含铁矿物约 300 余种，其中常见的有 170 余种。但在当前技术条件下，具有工业利用价值的只有屈指可数的几种，它们分别为磁铁矿、赤铁矿、钛铁矿、褐铁矿和菱铁矿。

磁铁矿——顾名思义，磁铁矿就是具有磁性的铁矿物。它的化学名为四氧化三铁。磁铁矿常呈八面体形状。磁铁矿最大的特点是有强磁性，我国古代四大发明之一的指南针就是利用了磁铁矿的磁性。磁铁矿形成的地质条件非常广泛，既可以与岩浆的活动有关，也可以与变质作用有关。我国典型的磁铁矿产地有四川攀枝花、辽宁鞍山、湖北大冶等。

磁铁矿

赤铁矿——据说古代在给死者举行葬礼时，要把一种赤红色的粉末撒在死者的身旁。古人认为红色是生命的源泉，又代表光明与温暖。撒红粉是希望再一次给死者以生命的温暖和活力。这种被寄予巨大希望的红粉便是用赤铁矿研磨而成的。此外，赤铁矿也是一种非常稳定的红色颜料，在一些远古壁画中的红色也是赤铁矿留下的。赤铁矿的化学名

地球谜题

地球上的铁都分布在哪儿？

地球上含量最多的化学元素是铁，其地球丰度高达32.5%；同时铁也是地球上分布最广的元素，在地球的地壳、地幔和地核中都分布有大量的铁。科学家推算，地球上的铁有79.52%分布在地核、20.42%分布在地幔，只有0.06%的铁分布在地壳。

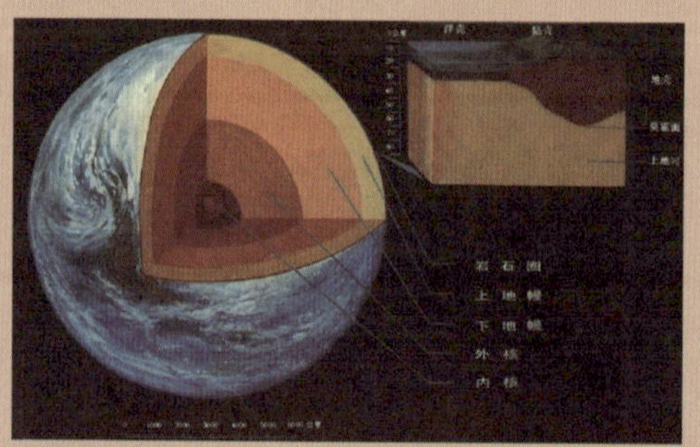

是三氧化二铁，少见完好的晶体形态，表面颜色为铁灰或钢灰色，呈金属至半金属光泽，但其粉末的颜色呈樱桃红色或鲜猪肝色。我国典型产地有湖南宁乡、河北宣化等。

赤铁矿

稀土及稀土矿物

稀土这个名字常让人以为这种矿物非常稀少，实际上这是一种错觉。稀土在地球上的含量比人们熟悉的金、铂、铅、锌还要多。只不过稀土元素在地壳中过于分散，很少形成有经济价值的矿床罢了。

稀土指的是元素周期表下方“镧系”附栏的 15 个元素（依次为镧 La、铈 Ce、镨 Pr、钕 Nd、钷 Pm、钐 Sm、铕 Eu、钆 Gd、铽 Tb、镝 Dy、钬 Ho、铒 Er、铥 Tm、镱 Yb、镥 Lu），以及副族元素钪 Sc 和钇 Y，总共 17 种元素。“稀土”的得名是由于过去人们习惯于把不溶于水的固体氧化物称作“土”，而稀土元素大部分也是以固体氧化物的形式存在的，且不溶于水，再加上当时分离出来的稀土元素的量非常少，因而被称为“稀土”。

虽然稀土外表朴素，但它们具有非常优异的特性：（1）电阻系数高，是铝的 25~50 倍、是铜的 40~70 倍；（2）金属性很强，仅次于碱金属和碱土金属，与热水作用反应剧烈并释放出氢气；（3）易溶于酸而生成相应的盐类，而不和碱作用，很容易和氧化合，生成稳定的氧化物；（4）燃点很低，如镨为 290℃，铈只

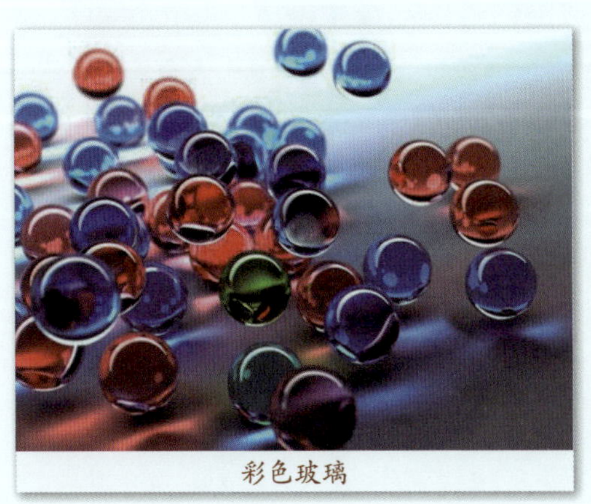
彩色玻璃

光纤

有 165℃；(5) 电子能级丰富，可以吸收从紫外区到红外区的各种波段的电磁波。

上述这些优良特性，决定了稀土特殊的用途。例如，在炼钢中硫、磷是有害杂质，它们使得钢材容易脆裂，被称为“钢材中的白蚁”。去除这些有害杂质，在钢水中加入适量稀土元素就可以了，硫、磷遇见稀土元素，就形成难溶的稳定化合物，与溶渣一起被清除出去。还有一例典型的应用，就是在玻璃中加入少量的稀土，可以呈现不同的颜色。如加入铈变成黄色、加入镨变成绿色、加入钕变成紫色、加入铒变成红色、同时加入钕和硒变成玫瑰色等。

其实稀土的用武之地还体现在高技术领域。在荧光材料领域，稀土特殊的电子结构及其各种能级电子跃迁产生的特殊光谱，可以用于制作彩色电视及各类显示系统的红色荧光体，也可以用来制造三基色荧光灯荧光粉；在磁性材料方面，能制造出的各类超级永磁体，是传统磁体的4~10倍，在各类电机、核磁共振成像装置、磁悬浮等高技术领域中有着广泛的应用前景。此外，一些磁光材料、储氢材料，以及目前发展迅速的激光材料、超导材料、光导纤维等也离不开稀土。

内蒙古的白云鄂博稀土矿

巅峰档案

世界上最大的稀土矿

我国是世界上稀土资源最丰富的国家，素有“稀土王国”之称。位于内蒙古的白云鄂博稀土矿则是世界上最大的稀土矿，约占全国总储量的90%以上，约占世界探明矿藏量的72%。稀土是一种不可替代的战略资源，在各种高技术工业中都有重要的用途，比如高性能电池、硬盘驱动器、核磁共振成像仪、固体激光器、磁悬浮列车等，其制造过程中都必须使用稀土材料，在军事上，稀土拥有的战略价值更大，因为瞄准镜、夜视仪、坦克炮弹和飞机发动机也依赖于稀土材料。

天外来客——陨石

晴朗的夜晚，仰望天空，繁星点点。有时会一道白光一闪而过，眨眼间就消失了，人们称之为流星，最后坠落到地面的流星，我们就称之为陨石。

陨石降落是一种颇为壮观的场面。陨星体进入地球大气层的速度约为 200 千米 / 秒，高度约 100 千米，此时，看似稀薄的大气能够产生相当大的阻力足以使陨星体减速，陨星体与大气的摩擦转变为热和光，进而形成火球和白光，在夜间看到时比满月的月亮还要亮。实际上，陨星体在未被地球捕获以前，由于受到宇宙空间碎块的冲击作用，早已伤痕累累并产生了裂缝，在降落过程中又受到压力的作用，便会沿着这些裂缝分裂为许多单个的、大小不等的碎块，从而形成了壮观的陨石雨。

根据陨石中金属及硅酸盐的含量不同，科学家将陨石划分为三大类：石陨石（铁—镍金属的含量≤ 30%）、石—铁陨石（铁—镍的金属含量≥ 30%，≤ 65%）以及铁陨石（铁—镍的金属含量≥ 95%）。地球上最古老的陨石年龄约为45亿年左右，和地球的年龄一样大。

陨石

陨石撞击地球是个大事件，它不仅会引起地球上的物质变化，而且由于撞击带来了巨大的能量，还会引起局部乃至全球性的生态破坏（一说恐龙的灭绝就是陨石撞击地球造成的）。陨石撞击地球留下的痕迹就是陨石坑，大多数的陨石坑已经在沧桑岁月中变得面目全非了。目前可以辨识的最老的陨石坑是南非的Vredefort陨石坑，大约有20亿年了，同时它也是已知最大的陨石坑，直径将近200千米。发现于我国的第一个陨石坑是辽宁岫岩陨石坑，它是2010年被我国科学家证实的，大约直径1.8千米，坑深150米。

陨石是天外来客，和地球上的岩石相比，有它独到的特征。首先，

从陨石本身来看，几乎每一个新鲜降落的陨石都具有黑色（黑灰色）熔壳，其内部通常为浅灰色，熔壳厚度约为 1 毫米。但经若干年后熔壳将氧化成铁锈红色，和地球岩石的颜色近似；陨石的外部形态通常很特别，一般呈不规则状且具有浑圆的边缘，许多陨石（但不是全部）表面还呈波状或拇指纹，这些都是陨石陨落过程中留下的“撞击记载”痕迹。当然，还可以从陨石的化学组成以及结构构造等方面来确定陨石，但这需要专业陨石研究机构进行测定。

目前现有的资料显示，陨石可能来自 60 多个小行星、月球及火星。陨石从星际空间到达地球的过程中，通过大气层时发生摩擦会燃烧掉相当一部分，幸运地保存下来并陨落到地球上的剩余部分，对我们人类来说是弥足珍贵的。因为它们作为太阳系早期历史的记录，携带了太阳系形成过程的大量信息，可以说陨石是“宇宙的使者”，更确切地说是太阳系起源的见证者。它们跨越时间和空间，为人类带来了有关地球的历史上几乎没有任何记载的重要信息。

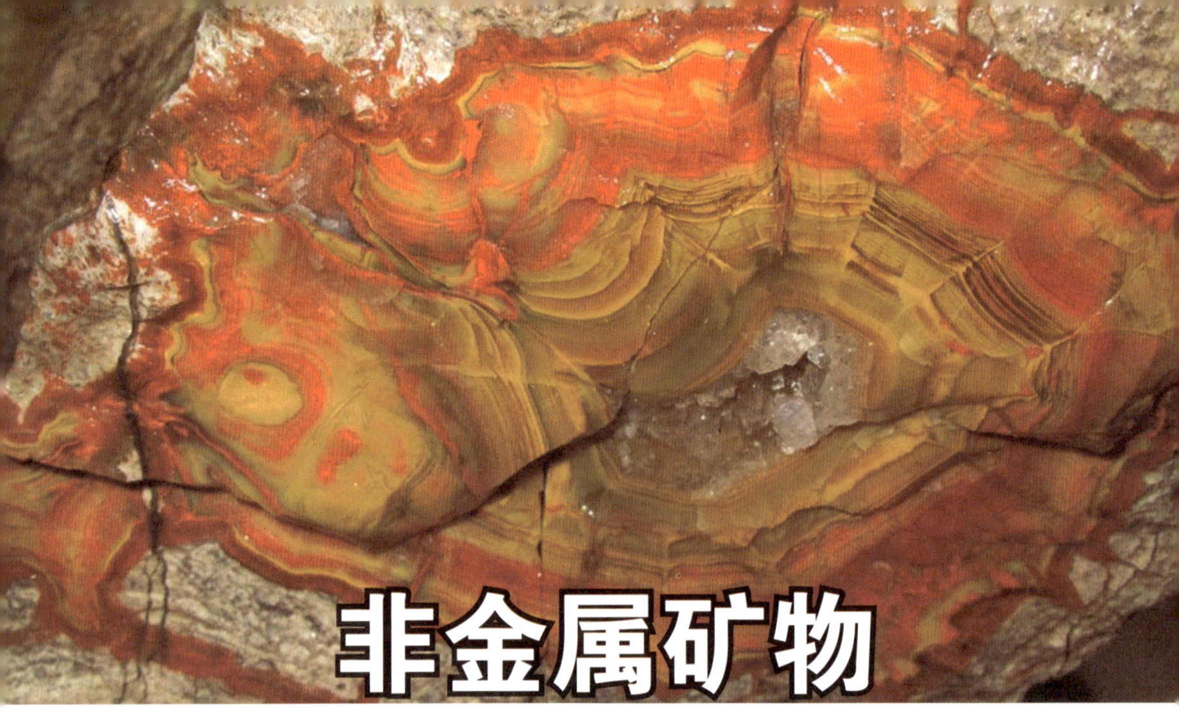

非金属矿物

非金属矿物是最早为人类利用的一种矿物，石器时代的石刀、石斧，以及新石器时代仰韶文化（公元前5000年～3000年）的彩陶，都充分说明了这一点。20世纪初，人类所利用的主要非金属矿产约有60种，而目前已达200种以上。随着现代化工业的发展，可供工业利用的非金属矿物和种类还将继续增长。

非金属矿物的利用方式与金属矿物不同。在工业上，只有少数非金属矿物是用来提取和使用某些非金属元素或其化合物的，如硫、磷、钾、硼等，这些矿物的工业价值主要取决于有用元素的含量和矿石的加工性质。而大多数非金属矿物会被直接加以利用。举例来说，金刚石大多利用它的硬度和光泽；云母是利用其绝缘性和透明度，可作为电子工业的重要原料；水晶是利用其光学和压电性能等等。

非金属矿物通常不具有金属或半金属光泽，大多呈无色或浅色，是导电性和导热性差的矿物，包括绝大部分的含氧盐矿物以及部分氧化物和卤化物矿物。非金属矿物的种类很多，这里仅介绍几种比较普通、常见的非金属矿物，如二氧化硅矿物、方解石、石榴子石、尖晶石、橄榄石、电气石、云母和沸石等。

多姿多彩的石英

块体石英

地壳中氧和硅是含量最高的元素。在由氧和硅构成的矿物中，石英（二氧化硅）大概是最常见的，与人们的日常生活关系也很密切：造型好的石英晶簇可作为观赏石，熔融石英可用于制作陶瓷和玻璃器皿等，甚至石英表或石英钟都是以石英晶体中的振荡作为频率标准的。还有一点鲜为人知，这就是空气中含有细小尘埃状石英颗粒，它对眼镜和宝石等常佩戴的器物有刻划作用并留下划痕，这就是为什么宝石的硬度一般要大于石英硬度的原因。

石英是它的矿物学正式名称，此外它还有很多别名，这里我们来细数一下它们的来龙去脉。

水晶洞穴

水晶 ——无色透明的石英被称为水晶。水晶往往会长成带锥面的长柱状完美晶体，如果多个单晶体聚集在一起，则形成所谓的晶簇。水晶晶簇由于造型美观、晶莹剔透，很有收藏价值。如果水晶内部含有细小的发丝状矿物，如金红石、电气石等，则习惯上称之为“发晶”。

紫晶 ——紫晶中的紫色系含有微量的氧化铁所致。紫晶被奉为2月的生辰石，象征着诚实、忠实和心地善良。20世纪初，曾在巴西发现一块长约10米、宽约1.7米，可谓世界紫晶宝石之最。

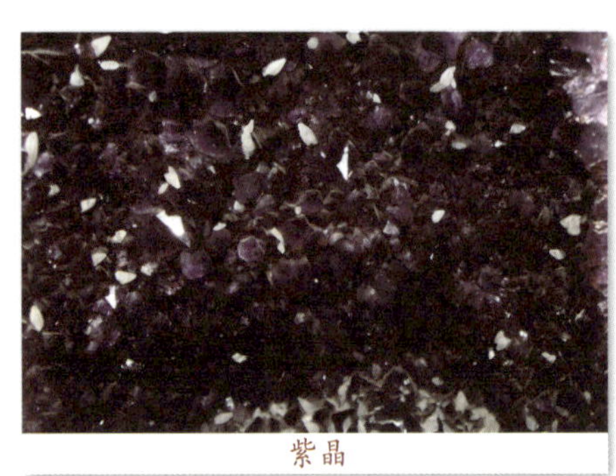
紫晶

芙蓉石

芙蓉石——也称蔷薇石英，呈淡红或粉红色，颜色由成分中含有的微量锰和钛所致。少见单个晶体，通常呈致密块状体，几乎总是云雾状或半透明状。

东陵石 ——也叫密玉、贵翠，三者同义，均为细粒石英组成的集合体，因含有细小的有色矿物包体而呈绿色，可作绿色低档玉石。这里的石英粒度约为0.01~0.6毫米，含少量的云母类矿物及赤铁矿、针铁矿等。

东陵石

绿玉髓

玉髓——为隐晶质石英集合体，块体无条纹构造。由于很致密，其硬度和石英几乎相同。因含氧化铁呈淡红至深红者称为“红玉髓”；因含绿泥石和阳起石包裹体或镍而呈深绿色者称为“绿玉髓”。半透明到不透明的玉髓叫碧玉，可呈白、红、绿等色。

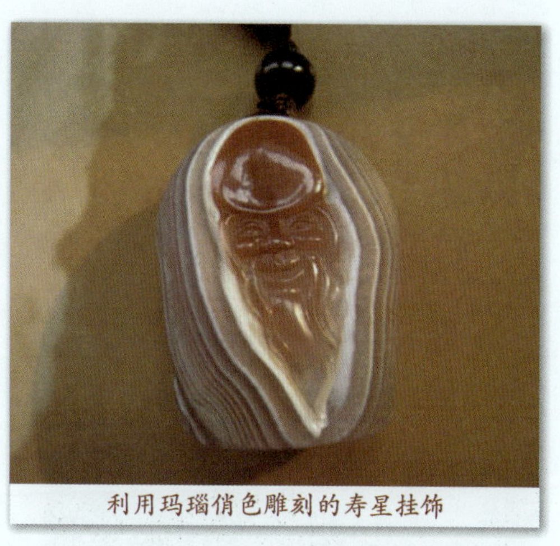
利用玛瑙俏色雕刻的寿星挂饰

玛瑙——人们熟悉的玛瑙其实就是隐晶质的石英集合体。常因含微量的氧化铁等杂质或有机物混入而呈现各种颜色，其颜色分布呈纹带状、同心层状、波纹状和斑驳状。玛瑙产在火山岩的气孔里，二氧化硅物质顺气孔外壁逐层向中心沉淀，中心常留有空隙，有时还长有水晶或紫晶晶簇。玉雕大师们利用玛瑙的花纹和颜色变化进行精雕细琢，俏色搭配，常使普通的玛瑙跃身为艺术珍品。

硅化木、木变石——一个是看起来像木头的石头，一个是木头变成了石头。严格讲它们都属于碧玉的范畴，只是由于二氧化硅交代了其他东西以后保留的原物质的外形和结构而已。硅化木是二氧化硅置换了古树干，并保留了树木的木纤维结构和形状；木变石是二氧化硅部分或者全部交代闪石石棉，而保留纤维状石棉的外形，因纹理和颜色像木纹而得名。颜色为金黄、褐黄且具有丝绢光泽的称为虎睛石，颜色为蓝色的，也具有丝绢光泽的称为鹰睛石。硅化木和木变石除了科学研究以外，一般用来作观赏品。

硅化木

此外，蛋白石（欧泊）也属于二氧化硅物

质，只是它属于胶体矿物，不是严格意义上的矿物。

雅俗共赏的方解石

方解石

可能很多读者都有参观游览溶洞的经历。当置身溶洞，映在眼前的就是那些质地坚硬、乳白温润的石钟乳和石笋，伴随着音乐般的滴答滴答的水声，犹如置身于仙境。此时，人们不禁会惊叹大自然是如此的神奇和伟大。其实，不论是溶洞本身，还是组成这些景观的石钟乳和石笋，都是由方解石——一种最常见的碳酸盐矿物组成的。包括方解石在内的碳酸盐矿物，构成的地表岩石面积达 4000 万平方千米，约占全球陆地总面积的 1/3。

方解石（碳酸钙）是分布最广的矿物之一，它的存在形式不仅是我们熟悉的石钟乳或石笋，还有诸多其他形式，下面是方解石的几种主要的形式。

大理石

五彩缤纷的大理石——虽然大理石这个名称源于云南大理，但通常将玉石级的碳酸钙统称为大理石。大理石的形成是由于石灰岩经接触热变质或区域变质作用后，隐晶质的碳酸钙颗粒会重新结晶成为较粗大的颗粒（大小约几毫米）。大理石不仅有灰白色，如果按色泽和所含矿物划分，大理石还有许多优雅娇艳的名称：如北京房山的“汉白玉”、河北曲阳的“丹东绿”、四川宝兴的“蜀白玉”等。由于这些大理石有很好的装饰性，所以常被用作高级建筑装饰材料或被雕刻和加工成各种工艺品。

一石难求的方解石晶簇——方解石晶簇指的是附着在某一个共同的基底、近乎同一方向生长的众多方解石晶体。方解石晶簇中的晶体大小不一、犬牙交错，一般是无色透明的，但视环境的不同以及是否有色素离子可呈白、金黄、粉红等色，作为观赏石非常美观。

方解石晶簇

变一为二的冰洲石——冰洲石就是完全无色透明的方解石，因最早发现于冰岛而得名。冰洲石晶体具有强烈的双折射现象，如果将冰洲石放在书本上观察，不管是文字或图像都会出现重影。这是因为冰洲石是自然界中双折率最高的矿物之一，这种特性使之成为一种理想的光学偏振材料，用于制造特殊的光学仪器。

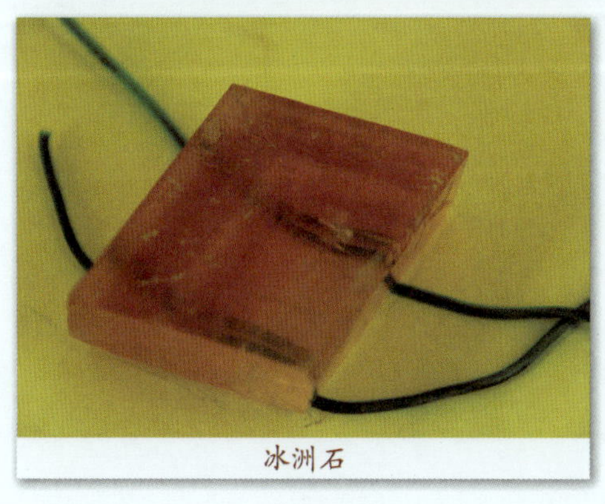
冰洲石

行骗高手——尖晶石

有人说尖晶石是宝石中的“骗子”，这么说并不夸张，下面的案例就证明了这一说法。镶嵌在英国王冠中央重达170克拉的“黑太子红宝石”、维多利亚女王重达361克拉的“铁木儿红宝石”、俄国女皇叶卡捷琳娜二世王冠上389克拉的“红宝石”……最终都被确认是尖晶石冒充的，由此可见尖晶石确有过人之处。

尖晶石

其实尖晶石不只有红颜色的，还有粉红、紫红、蓝、绿等色，前面提到的冒充红宝石的“骗子”，就是红颜色的尖晶石。红色尖晶石颜色鲜艳美丽、晶莹剔透，单从颜色上比较与红宝石难分高下，加之古人只重颜色而不重品质，所以才把红色的尖晶石误认为红宝石。尖晶石主要是指镁铝尖晶石，单晶体常呈八面体晶形，通常由于含致色离子而呈红色（含铬）、绿色（含三价铁）、褐黑色（含三价铁和二价铁）等。世界上很多国家都产尖晶石，但以东南亚国家，尤其缅甸、斯里兰卡、泰国等产出的最为著名。

其实，如果有专业的鉴定器材，尖晶石和红宝石两者的区别还是比较明显的：其一，尖晶石的硬度为7.5~8，而红宝石硬度为9；其二，尖晶石是等轴晶系，没有二色性，而红宝石具有明显的二色性。各种颜色的尖晶石中，红色尖晶石最受人欢迎，有星光效应的尖晶石也较贵重。深红、大红、艳蓝、绿的尖晶石也较好。

巅峰档案

身世漂泊的“帖木儿红宝石”

尖晶石自古以来就属于珍贵、迷人的宝石之一。由于它鲜艳的颜色，又常常和红宝石伴生产出，经常被人误认为是红宝石，因此在珠宝的传奇史上留下不少故事。例如，上述的“帖木儿红宝石”，重361克拉，原产阿富汗，深红色，没有切面，呈现出一种自然之美。这颗宝石曾落到过鞑靼征服者的手中，帖木儿于1398年征服德里时得到了这块宝石；1612年宝石归属于英国王室，后几经辗转，1849年又落入大不列颠的东印度公司。在1851年它被镶在项链上，献给了维多利亚女王。这颗宝石被称为东方的“世界贡品”，现保存在英国伦敦白金汉宫的印度展览室中。

赤子之石——石榴子石

石榴子石是因为其晶体形状类似石榴子而得名。

石榴子石矿物颜色丰富，包括红、黄、绿、橙、紫、黑等颜色，绚烂缤纷的颜色赋予石榴子石丰富多彩的内涵：红色代表活力、健康、热情和希望；黄色代表华贵和辉煌；绿色代表朝气和和平；紫青色代表沉着和稳定。紫青色含铬的镁铝榴石在日光下呈蓝绿色或绿色，灯光下呈紫红或鲜绿色，它的变幻莫测给人以神秘无比的遐想。

石榴子石

其实石榴子石矿物也是一类名声显赫的宝石，即大名鼎鼎

石榴子石

的“紫牙乌”，同时也是1月的生辰石和结婚17周年的纪念宝石，象征忠诚、贞洁、友爱和真实。被称为紫牙乌的石榴子石，特指红色的镁铝榴石。优质的血红色紫牙乌可以和红宝石媲美，有“好望角红宝石”、“美国红宝石”之美称。其他颜色的石榴子石也可作为宝石佳品，如呈翠绿色的钙铁榴石，本身被称为“翠榴石”，因主要产于俄罗斯的乌拉尔，又称“乌拉尔祖母绿”。

巅峰档案

石榴子石中的无价宝

美国国家自然历史博物馆，有一颗质地优良、黄色、重达6克拉的锰铝榴石宝石，产于巴西；此外，博物馆中还珍藏着世界上最好的一颗褐黄色透明的桂榴石（铁钙铝榴石），雕刻成了精巧的基督头像，重61.5克拉，堪称无价之宝。中国地质博物馆中，藏有一颗橙红色的锰铝榴石大晶体，重达1397克拉，产于新疆。

与众不同的橄榄石

橄榄石因独特的橄榄绿色而得名，也因这种独特的颜色结合了黄色

橄榄石

的高贵与绿色的希望，而成为一种与众不同的宝石。在古代，橄榄石被称为“太阳的宝石”，人们相信它具有太阳一样的力量，能够驱除邪恶、降服妖魔，为此常把橄榄石镶在金子上作为护身符。中世纪的炼金者还深信只有把橄榄石做成的项链戴在脖子上才能够点石成金。橄榄石被列为“8月诞生石”，象征着温和聪敏、美满幸福、和谐和睦。

橄榄石是组成上地幔的主要矿物之一，它主要产于基性和超基性火山岩中。此外，橄榄石也是陨石和月岩的主要矿物成分，有一种叫做“天

巅峰档案

宝石蛇岛

世界上最著名的宝石级橄榄石的产地恐怕是在红海的扎巴贾德（Zabargad）岛了，此岛在古代就盛产优质的橄榄石。它位于北回归线以北16千米，北纬23度，距埃及的Berenice港口80千米，在这个岛的一些晶洞内，曾发现过非常漂亮的深绿色橄榄石晶体。据记载，大约从公元前1500年就开始采掘了，那时岛上有许多毒蛇，阻碍了宝石的开采。为此，埃及国王下令根除毒蛇，派重兵把守。国王命令岛上的居民去挖掘石头，并将石头送到王宫里切磨。由于国王非常喜欢这种宝石，他吩咐哨兵，未经允许不准任何人靠岸，只有供应船和王室成员才可以登陆岛上。此外，缅甸和美国的亚利桑那州，也是橄榄石的重要产地。

宝石”的橄榄石(也称为“天上宝石”)就是来自陨石中的宝石级的橄榄石,这种天上宝石十分罕见。

五光十色的电气石

学名为电气石的矿物是一种环状硅酸盐,电气石具有焦电性,即受热(如阳光照晒)时在晶轴两端产生电压,可吸附尘埃等微粒,故名电气石。这一发现来自18世纪的荷兰,当时在阿姆斯特丹的港口,有几个小孩玩着荷兰航海者带回的石头,发现这些石头除了在阳光底下出现奇异的色彩外,还有一种能吸引或排斥轻物体如灰尘或草屑的力量,因此,荷兰人把它叫做吸灰石。电气石还有一个别称——碧玺,这是珠宝行中惯用的名称,因为电气石美丽者可作为宝石。

西瓜碧玺

电气石在成分上是一种极为复杂的硼铝硅酸盐矿物,也是自然界中化学成分最为复杂的宝石矿物之一,含有镁、铁、锂、钾、钠、硼等元素。人们常说电气石具有万花筒般的色彩,正是由于这些元素的含量和比例不同。例如含锂、锰或铯的电气石,一般呈现为红色或粉红色;含镁多则往往呈褐色或黄色;含铬或钒的可呈现祖母绿色;含铁和钛可使碧玺呈黑色。甚至同一晶体上也可呈现不同的色彩,例如著名的“西瓜碧玺”,就是中心红色或粉红色,周围为绿色色带形成的碧玺,犹如红色的瓜瓤被绿色的瓜皮包裹。

世界上碧玺的产地很多,但优质的碧玺很少见。达到宝石级的电气石,除了褐色的镁电气石产于大理岩外,通常皆产于花岗伟晶岩中。世

巅峰档案

碧玺生花

我国是世界上较早发现和利用碧玺的国家之一。据《博古续考》记载："唐太宗征西，得之毗耶国，后琢为玺，则辟邪玺。"碧玺可以雕刻成各种款式，如阶梯形、多边形、混合形和腰圆形，同时可以琢磨成鲜花、叶片等式样镶嵌在金银首饰上。在我国，旧时的碧玺珍宝有朝珠、帽正、烟壶盖、山子等。据清末大太监李莲英之侄李成武所著的《爱月轩笔记》所载，清朝慈禧太后的殉葬品中，有一朵用碧玺雕琢而成的莲花，重量为三十六两八钱，当时价值为75万两白银。

界上其他著名的碧玺产地有巴西的明纳斯格拉斯州、美国的加利福尼亚州、法国的巴黎，我国优质碧玺大多产于新疆阿勒泰地区。

由于电气石的压电性和热电性，可以在矿物晶体两端产生电极而形成电场，该电场可释放大量负离子以及对人体有益的远红外线，被誉为"天然负离子器"、"远红外线发射仪"等。电气石已经广泛应用于水处理、电子和声电材料、医疗保障等领域。可见，电气石不但可以作为宝石让我们赏心悦目，更可以在其他方面同样闪烁出宝石般耀眼的光芒。

沸腾的石头——沸石

矿物与岩石多给人冷硬的感觉，不过有这么一类石头，在加热的过程中会"沸腾"起来，只不过这种"沸腾"不像水和其他液体那样剧烈，只是具有明显的起泡和轻微沸腾的现象。这一类"石头"便

沸石

是大名鼎鼎的“沸石”。沸石，英文名称 zeolite，就是希腊语沸腾的意思。最早是在 1756 年，瑞典的矿物学家克朗斯特德在研究产于冰岛的玄武岩中的一种晶体时，发现了这一加热泡沸现象，便将其命名为沸石。沸石的沸腾，实际上也是因为沸石所含的水的沸腾，而不是“石头”的沸腾。沸石还有另外一个响亮的代名词,那就是“分子筛”。那么“沸腾的石头”是如何变身为“分子筛”的呢?

严格地讲，我们还不能把沸石称作“石头”，因为沸石是一组矿物的总称，其具体的矿物种属有很多。它们共同的特点是具有较大的结构孔道、含有大量的水、为碱或碱金属价状铝硅酸盐矿物等。沸石中的水非常特殊，它们位于沸石的结构孔道中，可因外界环境的改变而改变，得或失对整个沸石结构的影响并不大。只需要加热到 250℃，沸石中的水基本都会脱去。目前发现的天然沸石族矿物有 36 种，人工合成的沸石则有 120 多种。国际上有一个专门的学术机构，叫“国际沸石学会”，对每一种具体沸石的代码、化学成分、结构以及其性质都有专门细致的描述【感兴趣的读者可登录该协会的网站（http://www.iza-sc.ethz.ch/IZA-SC）去了解或者参阅有关专业书籍】。

沸石矿物的外观可谓是大小不一、貌不惊人。天然沸石一般多为无色或白色粉末，有时为肉红色或其他浅色。沸石由于呈骨架结构，所以比重较小，一般在 1.9~2.3 之间。视不同种属，沸石的硬度在 3.5~5.5 之间变化。沸石的形成一般是在低温和碱性条件下，但也大多经过了火的洗礼。如在火山岩气孔中形成的沸石，首先是在火山喷发以后，在地表温度和环境下，沸石逐渐占据火山岩石中气孔的位置；火山凝灰岩在受热蚀变以后，其中的有用组分也可大规模形成沸石。甚至在现代盐湖中也可形成沸石，据研究，在碱性很高的盐湖中，只要几千年时间，就会有大量沸石的形成。显然，沸石的形成离不开水，在一些未变质的沉积岩层、土壤之中，也可见到沸石的踪影。因此沸石矿物的分布很广，我国东北五大连池、南方的东南沿海等地均有大量产出。

沸石具有的优良性质，如分子筛、离子交换性、吸附性、催化性等等。其中最为著名的用途大概就是所谓的分子筛了。沸石内部存在空腔和管道，在一定的物理化学条件下，管道具有精确而固定的孔径（约3~11A），各种不同的沸石，其孔径也不同，小于这个直径的原子或分子可以自由通过，而大于这个直径的原子或分子物质则会受阻，这种现象被称为“分子筛”作用。

离子交换性也是沸石的重要性质之一。在沸石晶格的空腔和管道中，钾、钠、钙等阳离子和水分子相对比较自由，受结构的约束较小，极易与其周围环境里面的阳离子发生交换作用，交换后的沸石晶体结构也不被破坏。人们可以利用沸石的这个特性来除去水体或者液体中的污染重金属离子，这一特性在环境保护方面已被广泛采用。

沸石内部的孔腔和管道的体积占沸石体积的50%以上，脱水后的沸石，其结构好像是疏松多孔的海绵体，具有很高的比表面积（可达500~1000 m^2/g），因而具有很强的吸附性，可用作出色的吸附剂使用。它除了能吸附水分子外，还能吸附一些有机分子或其他物质，是很好的干燥剂和吸附剂。

人们对沸石青睐有加，正是因为沸石的这些优良性质，因而沸石在材料工业、轻工业、农业环保及国防等方面得到了广泛应用。可以说，人们生活的方方面面都有沸石的身影。外表冷漠而内心火热的沸石，为了人类的利益，几乎贡献了自己的一切。

宝玉石矿物

我们通常说的宝玉石，其实含有两层意思：一是指宝石，意指那些经过琢磨和抛光后可以达到珠宝标准的天然矿物单晶体，如钻石、红宝石等；二是指玉石，指那些美丽、可观赏、可装饰的矿物集合体或岩石，如翡翠、软玉等。如果两者不加以区分的话，就指的是色彩瑰丽、坚硬耐久、稀少，并可琢磨、雕刻成首饰和工艺品的矿物或岩石。宝玉石是人类永恒的审美要素，从蛮荒的石器时代到高科技的 21 世纪，人们的生活从没有离开过宝玉石。

五大宝石的风采

哲学家普林尼曾经说："在宝石的微小空间里包含了整个大自然，仅一颗宝石，就足以表现天地万物之优美。"那么，什么石头才能算是宝石呢？判断一块石头是不是宝石，至少要根据几个约定俗成的标准，那就是美观、耐久和稀少。既然是“宝石”，那就一定能给人以新鲜与奇特的感受，还必须具有美感；既然是“宝石”，通常也是传世之物，必须耐久；既然是“宝石”，就不能俯拾即是，必须要稀少罕见。把握住这几条原则，基本上人人都可以确定什么是宝石了。当然，宝石也有很多的品种，有的以绚丽的光泽引人，如钻石；有的以颜色取胜，如红宝石、蓝宝石和祖母绿等；还有的以特殊的光学效应而流芳百世，如金绿宝石。这上述的五种宝石也就是赫赫有名、最为名贵的“五大宝石”。

钻石——一颗永流传

一提到钻石，就会把它和高贵与财富联系起来。它的学名叫金刚石，由碳元素构成，在金刚石的内部，每个碳原子与周围的4个碳原子以很强的共价键相连接，且它们之间的距离相等，这样的原子排列使得钻石坚硬无比，是世界上最硬的矿物，也是它能恒久流传的原因。另外，钻石的折光率非常高，光线照射钻石戒面时，会产生璀璨夺目的光泽。再加上钻石产出很少，这就是人们非常钟爱钻石的原因。

钻石原石

决定钻石品质和价格要考虑所谓的“4C”标准，即颜色(colour)、克拉（carat）、净度（clarity）和切工（cut）。常见钻石的颜色是白色的，这种白色可细分为100个级别，级别越高就越昂贵；克拉是钻石的重量单位，为0.2克，一般来说1克拉以上的钻石就很少见了；钻石内部含有杂质的程度是用净度来衡量的，当然，杂质越少越好；切工是用来衡量钻石琢磨加工质量的。这4条标准的英文都是以C开头的，故叫“4C”标准。

钻石之所以很少，与其苛刻的产出条件是有很大关系的。金刚石通常产于一种叫“金伯利岩”的岩石中，这是一种火山岩。在火山喷发的过程中，在地球深部（130~180千米地幔）形成的金刚石被带到火山口下面的颈部，与冷凝的火山岩共生在一起，经过大自然长期的风化和侵蚀，历尽沧桑的金刚石便与金伯利岩一起显示在人们面前了。

红宝石——贵重宝石之王

顾名思义，红宝石是红色的。它的红色色调纯正、饱和度好，没有其他宝石可与之媲美，加之产量很少，故被誉为“贵重宝石之王”。红宝石的矿物名称为刚玉，它的化学成分为三氧化二铝，其中铝和氧的排列很紧密，使得其硬度仅次于钻石。红色是由于其含微量的三价铬离子所致，颜色最佳者称为“鸽血红”。

红宝石原石

评价红宝石是否珍贵的首要因素是颜色，其次是重量、透明度和净度。红宝石的颜色除了纯正的红色外，还有玫瑰红色和粉红色等。尽管产于自然界的刚玉并不少，可是能作为红宝石的就寥寥无几了。天然产出的红宝石颗粒很小，超过5克拉的红宝石就算是非常罕见了。

原生的红宝石一般产于高温、富铝和贫硅的条件下。自然界符合这样条件的环境很多，但多数质量好的红宝石都产在一种叫“气成热液型”

的矿床中，温度高于 300℃。世界上最著名的斯里兰卡红宝石、缅甸红宝石等都是在这样的环境形成的。

蓝宝石——天堂之石

蓝宝石和红宝石是一对孪生兄妹，之所以这样说，是因为它们的成分都是三氧化二铝，它们的内部结构、硬度和产出环境都相同，只是蓝宝石不是红色的而已。我们把除了红宝石之外各种颜色的宝石级刚玉都叫蓝宝石。

蓝宝石原石

蓝宝石具有蓝色、绿色、黄色、紫色等多种颜色，乃至无色透明。这些不同颜色产生的原因还是与其含有的微量元素的种类和数量有关，一般认为蓝宝石的颜色是由其内部的铁和钛造成的。蓝宝石的评价标准与红宝石类似。蓝色蓝宝石最为常见，其深邃的蓝色自古便被蒙上一层神秘的色彩，仿佛来自天际深处，所以有人称之为“天堂之石”。其中具有矢车菊（一种产于印度的蓝色植物）蓝色者最为名贵。黄色蓝宝石也是一个珍稀的品种，其色亮丽、华贵，带有皇家风范。蓝宝石的产量较红宝石要多一些，但 100 克拉左右的就属于珍品了。

和红宝石的产出环境类似，世界优质蓝宝石均产于“气成热液型”的矿床中。目前，我们经常见到的蓝宝石主要是产于缅甸、斯里兰卡和我国山东。

祖母绿——永恒的春天

祖母绿原石

祖母绿是一种绿色的宝石，颜色呈翠绿色，色泽艳丽纯正，无与伦比，有“绿色之王”的美誉，同时也象征着春天、生命和活力。祖母绿与另外一种名贵的宝石——海蓝宝石有着相同的化学成分，均为铍铝硅酸盐，在矿物学上也叫绿柱石。只是祖母绿的绿色是由于微量的三价铬离子引起的，而海蓝宝石的蓝色则是由微量的铁离子导致的。

祖母绿性质稳定，不易受腐蚀，硬度仅次于红、蓝宝石。由于祖母绿性脆、裂纹常见，所以超过 2 克拉的祖母绿戒面就非常罕见和昂贵了。也正是由于这个原因，在评价祖母绿时，其透明度和净度显得比其重量更为重要。

金绿宝石原石

祖母绿一般产在花岗岩的晶洞或伟晶岩中，形成于 400~700℃的高温以及地下 3000~8000 米的深处。

金绿宝石——善变的宝石

名如其石，金绿宝石的名字反映了其颜色的特征——明亮的蜜黄色和绿黄色。金绿宝石能名列五大宝石，除了其颜色的因素外，还因为它具有“猫眼”或“变色”效应。前者是指光线照射下，金绿宝石表面会出现一条闪光的亮带，犹如午时猫的眼睛，称为猫眼，后者指在阳光下金绿宝石呈绿色，而在烛光下变为红色，称为变石。故有人称它是“白昼的祖母绿、夜晚的红宝石”。

地球谜题

猫眼现象的成因

猫眼现象，指的是在平行光线的照射下，弧面形宝石的表面出现一条线状光带的现象。其成因是，在宝石内部存在大量细小而平行密集排列的线状包裹体，线状包裹体与宝石本身的折射率有较大的差别，使得入射到宝石内的光线经线状包裹体反射以后，在垂直包裹体排列方向形成一条光带，从而产生猫眼现象。夕阳下的河水，也可观察到在垂直水流方向出现光带，这和猫眼现象产生的原理是相同的。

金绿宝石的硬度很大，化学成分为铍铝氧化物，常含有微量的铬离子，这使得金绿宝石对绿光的透射最强，红光次之，其他光则被吸收，所以在白天和夜晚不同光线照射时，会产生变色效应。而猫眼效应则是由于其中定向排列的管状包体造成的，正如在夕阳下的河边，微波荡漾的水面能将落日映射成一条亮带那样。具有“猫眼”效应的宝石很多，但以金绿宝石猫眼最为名贵。优质的几个克拉大小的猫眼或变石的价格可与优质的红宝石或祖母绿相当。优质的金绿宝石猫眼主要产于斯里兰卡，而变石主要来自俄罗斯，它们都形成在上述的“气成热液型”的矿床中或伟晶花岗岩中。

地球谜题

生辰石——发现你自己的宝石

宝石是大自然浩瀚艺术宝库中的藏品，它们千姿百态、婀娜多姿、聚大地之美妙，它们异彩纷呈、璀璨夺目、集日月之精华。人们自然而然地将这些晶莹剔透的奇珍异宝与我们的生活联系了起来。

除了讲究一些佩戴的时尚外，人们还对宝石怀有一些迷信般的美好信念，如目前世界上流行的所谓的生辰石（见下表）便是其中的一种。这个表中，每一月都有代表它的生辰石，并且与各自的星座及其美好的寓意联系在一起。希望我们每一个人都能找出自己的幸运宝石。

生辰	宝石	星座	含义
一月	石榴子石	摩羯宫	贞操、友爱和忠实
二月	紫水晶	宝瓶宫	诚实、心平气和
三月	海蓝宝石	双鱼宫	沉着、勇敢、聪明
四月	钻石	白羊宫	贞洁、爱情、长久
五月	祖母绿	金牛宫	青春、爱情、幸福
六月	珍珠	双子宫	健康、富贵、长寿
七月	红宝石	巨蟹座	热情、火红的爱情
八月	橄榄石	狮子座	夫妻幸福
九月	蓝宝石	室女宫	忠诚、德望
十月	欧泊	天秤宫	安乐、平安
十一月	黄玉	天蝎宫	友爱、友谊
十二月	绿松石	人马宫	成功、成就

恐龙的同龄宝石——欧泊

欧泊是英文 opal 的音译，其矿物学名称是“蛋白石”。然而，蛋白石却不能算是真正意义上的矿物，这是因为它是一种含水的非晶质的二氧化硅，根本就不是晶体。众多二氧化硅小球（直径数百微米）较规则地聚集在一起，从而构成蛋白石。

普通蛋白石多呈乳白色，只有具有“变彩效应”的蛋白石才能称为欧泊。所谓的变彩效应，就是转动欧泊时，欧泊的颜色如雨后彩虹般艳丽，出现各种神奇的光彩和华丽的颜色，令人目眩神迷。在欧泊的内部，二氧化硅球体在三度空间作整齐排列，导致欧泊内部形成了一个三维光栅，并对自然光产生干涉，其结果就形成了欧泊特有的变彩效应。这种结构用电子显微镜放大到1万倍以上就可以观察到了。

欧泊的美丽是独一无二的，所产生的火焰般外表也是其他宝石不能比拟的。根据欧泊的底色颜色特征，国际上通常将天然欧泊分为三类：①黑欧泊：它是在蓝色、暗蓝色、黑色、灰黑色或绿色的基底上出现强烈变彩的蛋白石宝石，是欧泊中最为珍贵的品种，所有的黑欧泊无一例

欧泊

外都来自澳大利亚。②白欧泊：这是指在白色或灰色的基底上出现变彩的欧泊，其珍贵程度仅次于黑欧泊。③火欧泊：指在红色或橙红色的基底上出现少量变彩的蛋白石宝石，价值相对较低。

大多数的欧泊的年龄超过了6000万年，它们形成于白垩纪，和地球上的恐龙是同时代的产物。由于它和石英、玛瑙等有一定关系，所以在形成的时候往往与它们共生在一起。从地质学角度上，欧泊的成因类型有古风化壳型和火山热液型两种。前者是在气候相对干燥的条件下，携带二氧化硅的地下水逐渐蒸发，使得二氧化硅浓度变高，从而在地表岩石中沉淀而形成欧泊；后者是在火山活动地区，二氧化硅物质充填在玄武岩、安山岩等岩石的气孔、裂隙或空洞中而形成欧泊。澳大利亚是欧泊大国，拥有世界上超过90%的宝石级欧泊。我国少见有宝石级的蛋白石。

欧泊成为首饰已有相当悠久的历史，有人在肯尼亚的一个洞穴中发现了一件6000年前的欧泊制品，这恐怕是人类最早使用欧泊的记录了。由于欧泊色彩绚丽，变幻迷人，可以给人以美妙无穷的想象，所以被誉为“希望之石”，还由于其丰富的色彩也象征着丰收的秋天，国际宝石界把欧泊列为“十月诞生石”。不同国家和地区的人对欧泊的颜色有不同的爱好。美国人大多数喜欢红色或橙红色的火欧泊，因为这种强烈的色彩很符合美国人不受束缚的心理；日本人普遍喜爱有蓝、绿、灰的欧泊，对于高度紧张而繁忙的日本人来说，它也许能给人一种宁静的感觉，是一种生活的调节剂；而中国人则偏爱纯洁无瑕常有微彩的晶质欧泊。

无价美玉——和氏璧的兄弟姐妹

玉或玉石皆是由矿物组成的,或者说玉是矿物的集合体。例如和田玉，就是矿物透闪石的集合体。地质学上没有对玉进行特别的分类，倒是珠宝里面划分出了宝石和玉石。宝石一般指的是单晶体的矿物，而玉石是集合体矿物。玉石和岩石也有一定区别，通常岩石所含的矿物种类不止一种。

人们日常生活中经常能看到和“玉”有关的词，诸如“他山之石，可以攻玉”，“宁为玉碎，不为瓦全”等。也常见到含有玉字的人的名字，如宝玉、黛玉等等。还有许多和玉有关的故事，如“和氏璧”、“完璧归赵”等。如果查字典，部首是玉的字就有百余个。可见“玉”与我们的关系十分密切。

汉代许慎对玉下了一个定义：“玉，石之美者”。就是说，玉就是美丽的石头。从科学角度，玉特指软玉和硬玉，前者指的是由透闪石——阳起石矿物构成的致密坚韧的纤维状和毡状集合体，如和田玉等；后者就是指硬玉，硬玉的纤维状和毡状集合体构成了翡翠。在实际生活中，我们将一些超出这些范围的石头也称作玉，如岫玉、独山玉等。

玉是中国的特产，尽管已经有数千年的历史，但流传的玉石种类并不多，就那么屈指可数的几种。

和田玉——也叫新疆白玉、羊脂玉、昆仑玉等，产于新疆的和田（古称于阗、和阗）和墨玉两地。从名称可以知道，和田玉细腻晶莹，如凝如脂，一般呈白色，但也有其他颜色。无论是哪种颜色的和田玉，其主要成分都是透闪石，且含量一般在90%以上。和田玉流传甚广，早见于石器时代，

和田玉

在中国古代历史上唯我独尊达数千年之久，直到19世纪中叶翡翠流入我国，才打破了和田玉的垄断地位。

翡翠原石

翡翠——翡翠本是古代鸟名，指带有红色（翡）和绿色（翠）羽毛的鸟。上面说过，翡翠是硬玉的纤维状和毡状的集合体，坚韧细润，其绿色浓、艳、正、阳，也有少量红、白等色的翡翠。和其他玉石不同，翡翠是唯一不产自中国的玉石，仅仅见于缅甸，于清代晚期大量进入我国。

独山玉——简称独玉、南阳玉，产于河南南阳独山。独山玉成分较为复杂，其矿物组成以斜长石为主，也含少量其他组成的矿物，如黝帘石、云母、阳起石等。正是因为组成的多样性，使得独山玉的颜色十分丰富多彩，有红、黄、绿、白、青、黑、紫七类，而多色玉称为杂玉。其中以绿独玉最为珍贵（有独翠之美誉），紫玉和杂玉次之。独山玉的开采也很早，在河南南阳黄山新石器时代遗址中出土有独山玉制作的玉凿、玉铲等，在殷墟出土的玉器中也有相当部分的独山玉。

独山玉

岫岩玉——它是一种蛇纹石质的玉，因产于辽宁岫岩而闻名。岫岩玉质地致密细腻，色泽艳丽，半透明，以黄绿色为主，间有白、青、黑等色。岫岩玉也有悠久的历史，在辽宁海城小孤山古人类洞穴遗址中发掘出来三件岫岩玉质的砍斫器，该遗址属于旧石器时代晚期，迄今有1万多年。

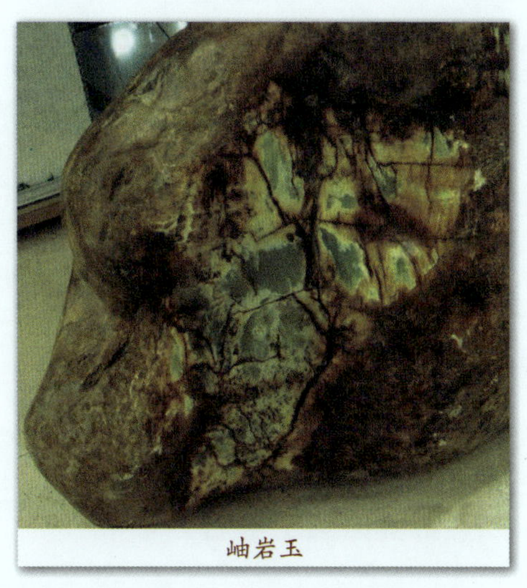
岫岩玉

值得说明的是，史书上记载的玉类有上百种，产地也遍及华夏各地。但由于多种原因，有的玉种并没有流传下来。如蓝田玉，在汉晋时期名重一时，宋代以后便失传了。现代的陕西蓝田玉泉山产出的蓝田玉是一种蛇纹石化的大理岩，玉质并不是很好，即便是古人也不可能将它视为一种美玉。和氏璧和完璧归赵的故事可谓家喻户晓了，但和氏璧到底是一种什么样的玉，至今还是个不解之谜。尽管近来有专家考证说和氏璧是产于湖北神农架地区的月光石，但也没有确凿的证据。

美玉本身是非常昂贵的，但其蕴涵的政治和文化的内涵更令人看重。较为典型的是玉的“五德”之说，此五德便是玉的人性化表达，说成现在的话就是仁、义、礼、智、信，象征着伦理道德中的高尚品德。实际上，在我国古代玉不仅是道德的标准，同时也和政治、经济、礼仪、宗教和日常生活等活动关系非常密切。例如，作为礼器的玉器，如《周礼·大宗伯》所记载：“以苍璧礼天，以黄琮礼地，以青圭礼东方，以赤璋礼南方，以白琥礼西方，以玄璜礼北方。”

传世的古代玉器并不多，现在陈列和研究的古玉多为出土的。一个普遍接受的观点，就是从石器时代开始，玉便伴随中华文明的发展而发展了。古玉多产于和田，明宋应星在其《天工开物》中说："凡玉入中国贵重用者。尽出于阗。"如果这个观点成立的话，那么在太湖地区的良渚文化（距今5000年以上）、安阳殷墟妇好墓和江西新干商代大墓出土的玉器皆出自新疆和田。远古时期的交通甚为不便，加之路途这么遥远，这些玉料是如何从遥远的新疆运送到内地和江南的呢？所以也有人推测，在汉代张骞通西域（公元前139~126年）开辟丝绸之路以前，已经存在一条运输玉石的"玉石之路"了。

以假乱真的人工宝石

天然宝石美丽而稀少，备受人们青睐，因而它的价格十分昂贵。正因为如此，人们也在寻求一些易于生产而价值低廉，又与天然宝石基本相同或相仿的材料。这些完全或部分由人工生产或制造的、用于制造首饰及装饰品的宝石材料称为人工宝石。

根据人为因素的差异以及产品具体特点，人工宝石被划分为合成宝石、人造宝石、拼合宝石及再造宝石四类。①合成宝石：指部分或完全由人工制造的材料，这些材料的物理性质、化学成分及晶体结构和与其相对应的天然宝石基本相同。如合成红宝石与天然红宝石化学成分均为三氧化二铝。②人造宝石：指由人工制造的材料，而且这些材料没有天然的对应物。如人造钛酸锶，迄今为止自然界中还未发现此种化合物。③拼合宝石：指由两种或两种以上材料经人工方法拼合在一起，在外形上给人以整体琢形印象的宝石。④再造宝石：将一些天然宝石的碎块、碎屑经人工熔解后制成。

对于人工宝石的命名，有国家标准规定，合成宝石和人造宝石必须在其所对应天然珠宝玉石名称前加"合成"和"人造"字样；对拼合宝石，须逐层写出组成材料名称,并在名称上要出现“拼合”文字;对再造宝石,也要在所组成天然珠宝玉石名称前加“再造”二字。下面介绍的是最常见的一些人工合成宝石的材料。

玻璃——玻璃是一种价格低廉的人造宝石，用于仿制天然珠宝玉石，如玉髓、石英、绿柱石、翡翠等。玻璃制作的仿宝石往往很逼真，有各种各样的颜色。一般来说，区分玻璃和宝石比较容易。因为宝石都是晶体，传热比较快，玻璃是没结晶的非晶质，传热比较慢；用放大镜观察，玻璃的表面和内部常有弯曲或旋涡状的细线纹，而天然宝石没有；玻璃内部还经常出现圆珠状、椭圆状、扁平状等各种各样的气泡，用放大镜也很容易观察到。

塑料——塑料是一种人造材料，是由聚合物长链状分子组成的。塑料作为宝石的仿制品，主要用于模仿不透明的宝石材料如绿松石、翡翠、软玉、象牙,半透明的宝石品种如龟甲、珍珠、贝壳,透明的宝石如琥珀等。根据塑料的低密度（用手掂，明显感觉到很轻）、低硬度（用小刀可以划动）、低传导率（接触时有温感）、可燃性（用热针接触样品时，样品会熔化或烧焦,发出辛辣难闻的气味）等特点,很容易区分宝玉石和塑料。

合成立方氧化锆——人称“CZ 钻”，是 20 世纪 70 年代推出的仿钻石产品。合成立方氧化锆的性质与钻石的性质很接近：它的折射率高达 2.17，色散为 0.06，与钻石的 2.42 和 0.044 非常接近，这使磨成的宝石成品的彩色闪光更为艳丽；合成立方氧化锆的摩氏硬度为 8.5，虽与钻石的 10 有差别，但不易察觉到;合成立方氧化锆的颜色与钻石几乎一样，这样琢磨后的外观与钻石也难以区分。当然，合成立方氧化锆除无色透明者外，也可以获得鲜艳的红、黄、绿、蓝、紫和紫红色的产品。两者的区别主要体现在比重上，合成立方氧化锆的比重为 6 左右，是钻石比重的 1.7 倍，故它的手感比较沉重；合成立方氧化锆导热性不如钻石，对着样品哈气，或者用热导笔可以很容易区分两者。

合成红宝石和蓝宝石——红宝石和蓝宝石的人工合成实验是成熟的技术，两者都是从熔体中结晶而来，其主要成分均为三氧化二铝。在合成时加入微量的铬，则呈现红色，即合成红宝石；如果加入微量的钛，就成为合成蓝宝石。合成红宝石和合成蓝宝石与天然的红、蓝宝石的外观和性质十分接近，因此区分它们还比较困难。目前主要是根据样品内部的包裹体的差异进行鉴别，因为通常合成红、蓝宝石中会含有气泡、细密的弧线纹等人工痕迹。如果包裹体细小，用放大镜可能还观察不到这些现象，此时就需要用光学显微镜来观察才能分辨。

合成水晶——由于自然界水晶资源较其他宝石要丰富得多，以往合成水晶主要是为了满足电信和光学等工业方面的需要，合成水晶作为宝石用显得不经济。然而，随着自然资源的减少以及人工合成技术的提高，现在合成水晶也大量用于珠宝首饰中。合成水晶和天然水晶几乎没有什么差别，区分它们的主要方法在于其内部的包裹体，也可以用吸收光谱等一些简单的仪器来测量。

动植物馈赠的宝石

一提起宝石，人们自然联想到璀璨夺目的钻石、艳丽无比的红蓝宝石、青翠悦目的祖母绿……的确，它们是宝石中的珍品、矿物中的精华，然而，还有一类珍贵的宝石是由动植物馈赠给人类的，它们同样满足宝石瑰丽、稀少、耐久三个基本条件，人们通常称之为有机宝石。有机宝石是宝石中的一个重要门类，主要有珍珠、珊瑚、琥珀、象牙、煤精等。

宝石皇后——珍珠

珍珠是指在珍珠贝、蚌体内形成的球状或半球状（或多或少有点变形）

的物质，是有机体新陈代谢的产物。珍珠的化学成分以碳酸钙为主，这些珍珠质呈放射状排列，并具有同心层结构，但也含有少量其他无机物。珍珠的颜色丰富多彩，一般浅色珍珠具有特殊的珍珠光泽，即珍珠的表面和内层多界面经光的反射、折射和干涉混合作用而产生的光泽，而深色珍珠可以具有金属光泽。正是这种光学性质使得珍珠色彩迷人、晶莹凝重、高贵典雅，表现出一种圆润的阴柔之美。丰富的颜色和特有的珍珠光泽使珍珠有“宝石皇后”的美称。珍珠按成因可分为天然珍珠和养殖珍珠两类，无论哪一类，都有海水珠和淡水珠之分。在中国，珍珠自古以来就被视作奇珍异宝，中国文化中有许多和珍珠有关的成语，如掌上明珠、珠联璧合、珠圆玉润、买椟还珠等；也有许多有关珍珠的神话、故事和传说，如隋侯之珠（隋珠在我国历史上与和氏璧齐名）、割股藏珠等。世界上最大的珍珠名叫“真主之珠”，为天然海水珠，长 241 毫米，宽 139 毫米，重达 6350 克，已被列入《吉尼斯世界之最大全》，它于 1934 年在菲律宾的巴拉旺湾被发现。

珍珠与贝壳

珊瑚

海洋中的玉树——珊瑚

珊瑚是一种低等腔肠动物珊瑚虫的骨骼堆积物，其主要成分是碳酸钙，以及少量的碳酸镁、硫酸钙、氧化铁和有机物质。珊瑚虫是最娇气的一种动物，它要求海水温度适宜，一般在 25~30℃之间；也要求有足够的光线，即它们生活的水深一般不能深过 40~60 米；此外，还要求海水有正常或较高的盐分，溶于海水中的氧气要比较充足。珊瑚的形态奇特多姿，多呈树枝状，也有呈扇状、蜂窝状的。珊瑚多为白色，其次为红色，其他色极少见。质地多不透明或半透明。珊瑚有 6000 多种，但并非所有的珊瑚都能作为宝石，只有颜色美丽、质地致密的特殊品种方能作为宝石和雕件。而在众多的珊瑚中，以红珊瑚的宝石价值最高，也最受人们的青睐。清朝官吏们的帽子顶上都有一个圆球状的顶子，顶子的颜色和质地表示官的品级。其中一品官用红色，二品官用粉红色，这种顶子就是用红色的珊瑚雕琢而成的。这说明红珊瑚自古就受到人们的厚爱，也象征着权力和财富。

神奇的森林树脂——琥珀

琥珀原石透光观看的效果

琥珀是中生代白垩纪至新生代松柏科植物的树脂，经过地质作用后形成的一种有机化合物的混合物。从化学成分上讲，琥珀是由碳、氢、氧组成的有机物，也含有一定的微量元素。琥珀有各种不同的外形，多呈金黄、黄褐色。如果琥珀内部包裹有动植物的话，如松叶、果实、苍蝇、蚊子、蚂蚁、马蜂等，价值会大增。美国科幻影片《侏罗纪公园》，就讲述了科学家在包裹着一只吸了恐龙血的蚊子的琥珀中提取了恐龙的DNA，然后利用遗传工程繁殖出恐龙的故事。目前世界上最大的琥珀，重15.25公斤，名为“缅甸琥珀”，实际上这块琥珀是一个英国人于1860年在中国广东用300英镑购得的，现珍藏于英国伦敦历史博物馆，它也被载入了《吉尼斯世界之最大全》。

洁白无瑕的吉祥物——象牙

象牙有广义和狭义之分，广义的象牙包括象在内的某些哺乳动物如河马、海象、野猪、鲸等的牙。象牙的化学组成包括无机和有机两大部分，无机部分主要是磷灰石类矿物，而有机部分主要是胶质蛋白、弹性蛋白

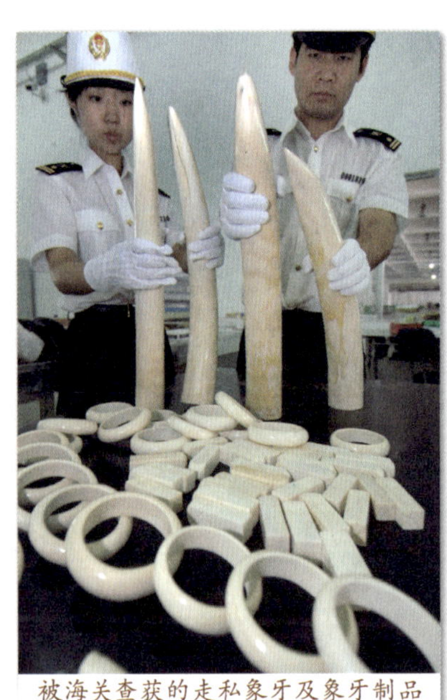
被海关查获的走私象牙及象牙制品

质等。新鲜的象牙通常呈瓷白、奶白和淡黄等色，呈油脂光泽或蜡状光泽，硬度为2.5，韧性极好。象牙有着洁白纯净、温润柔和的美感，这是任何其他宝石望尘莫及的。在古代，它多被统治者用来装饰宝座、镶嵌墙壁和天花板，或用作珠宝首饰等。世界上优质的象牙多来自非洲，随着保护野生动物意识的提高，大象被列为禁猎动物，象牙材料越来越少，因而象牙制品也越来越昂贵。

煤之精品——煤精

煤精又称煤玉、黑碳石、黑宝石、雕漆煤等等，是一种不透明、光泽强的黑色有机宝石。煤精主要由碳和有机物质组成，其集合体呈致密的块状，有时可见树木的枝杈和细枝痕迹。煤精的硬度为2.5~4，相对密度为1.30~1.34。煤玉贵在色黑、质细、韧性好，抛光后漆黑闪亮。所以自古以来，煤精就被用来制作项链、护身符、佛珠等。现在常用它制作烟嘴、宝石戒指、耳坠和小型摆件等。

煤精